U0208855

中国典型矿冶区土壤重金属污染防治规划方法与实践

杜　平　秦晓鹏
　　　　　　　　著
陈　娟　任　杰

科学出版社

北　京

内 容 简 介

本书基于大冶市土壤、农产品和水体中重金属污染物的调查结果和工矿业统计数据，编制了典型矿冶区土壤重金属污染防治规划。根据规划开展了多个农用地土壤安全利用和尾矿库综合整治工程，区域环境质量得到改善，农产品质量和居住安全得到保障。

本书可供从事农用地土壤和尾矿库调查、评价等方面的科研人员，环境科学、环境工程、土地科学、土壤化学等专业的研究生等参考借鉴。

图书在版编目(CIP)数据

中国典型矿冶区土壤重金属污染防治规划方法与实践/杜平等著. —北京：科学出版社，2021.3

ISBN 978-7-03-064098-7

Ⅰ.①中…　Ⅱ.①杜…　Ⅲ.①矿区-土壤污染-重金属污染-污染防治-研究　Ⅳ.①X53

中国版本图书馆 CIP 数据核字（2019）第 295336 号

责任编辑：韩　东 / 责任校对：王万红
责任印制：吕春珉 / 封面设计：东方人华平面设计

科学出版社 出版
北京东黄城根北街 16 号
邮政编码：100717
http://www.sciencep.com

北京中科印刷有限公司 印刷

科学出版社发行　　各地新华书店经销

＊

2021 年 3 月第 一 版　　开本：787×1092 1/16
2021 年 3 月第一次印刷　　印张：12 1/2
字数：293 000

定价：111.00 元
（如有印装质量问题，我社负责调换〈中科〉）
销售部电话 010-62136230　编辑部电话 010-62135197-8018

前　言

矿山开采与冶炼活动的排放物含有大量重金属，会对环境造成严重的影响。矿冶区生态破坏、土壤污染、大气污染、水污染和农产品重金属超标问题突出，尾矿库溃坝等事故的发生，给当地人民群众的生活和社会经济带来严重影响。近年来，我国在矿冶区重金属污染调查、评价、风险管控和综合治理方面开展了大量的工作，并取得了一定的成果。但是，矿冶区的环境治理任重道远，矿冶区生态环境破坏与土壤重金属污染是一个综合性、区域性的问题，应以规划优先、防治同步的理念推进综合整治。

目前，我国矿冶区土壤污染防治工作仍处于摸索阶段，在调查与评估方法、规划方法、污染控制与治理技术方面的管理制度不够健全，亟须深入研究和总结。本书以中国典型矿冶城市——大冶市为例，通过实地调查，综合分析、评估大冶市土壤重金属污染情况，分析示范工程案例，总结大冶市重金属污染防治规划对土壤污染防治工作取得的成果和经验。

本书出版得到了环保公益性行业科研专项项目"赤泥土壤化处置技术及环境风险防控管理研究"（项目编号：201509048）、生态环境部环境管理支撑重点项目"农用地土壤修复技术（钝化）及监管体系研究"和国家自然科学基金项目"土壤-水稻根系微界面镉、锌竞争作用机制及其对镉生物有效性影响研究"（项目编号：41501350）的资助。

本书编写得到了中国环境科学研究院院领导的指导和土壤与固体废物研究所同人的帮助，在此一并表示衷心的感谢。

本书难免存在疏漏和不足之处，恳请读者批评指正。

目　录

第一章　绪　　论

第一节　矿冶区土壤污染现状

矿冶区是指受矿山开采和冶炼活动影响的区域。矿冶区一般可分为采矿区和冶炼区。其中，采矿区是指矿产资源比较集中、储量较为丰富，有统一开发规划的区域，含有矿井或露天开采区的地区，其本身具备一套完整的生产、生活、管理、运输、加工设备设施；冶炼区是指利用火法冶炼、湿法提取和电化学法等技术从矿石中提取所需金属成分（例如铁、铜、金）的场所及周边区域。

矿山开采和冶炼活动过程中，产生的大量废水、废气、废渣和遗留的废弃地，会对周边土壤、水体等环境介质造成不同程度的污染。一般来说，土壤是大部分污染物在环境中的最终归宿。矿冶区土壤污染主要来自开采、选矿、运输和冶炼过程中产生的粉尘、废气和废水，以及选矿后堆积的尾矿和废矿渣等。

环境保护部和国土资源部 2014 年发布的《全国土壤污染状况调查公报》显示，我国耕地点位超标率达 19.4%，主要污染物为镉（Cd）、镍（Ni）、铜（Cu）、砷（As）、汞（Hg）、铅（Pb）、滴滴涕（DDT）和多环芳烃（PAHs）；采矿区土壤超标点位占 33.4%，主要污染物为镉（Cd）、铅（Pb）、砷（As）和多环芳烃（PAHs），有色金属矿区周边土壤镉（Cd）、砷（As）、铅（Pb）等污染较为严重；重污染企业用地及周边土壤超标点位占 36.3%，主要涉及黑色金属、有色金属、矿物制品、金属制品等行业；工业废弃地超标点位占 34.9%，主要污染物为锌（Zn）、汞（Hg）、铅（Pb）、铬（Cr）、砷（As）和多环芳烃（PAHs），主要涉及化工业、矿业、冶金业等行业。在矿冶区土壤中，主要的污染物一般包括重金属和有机污染物。

一、重金属污染

矿冶区土壤重金属污染主要来自采矿和冶炼过程中产生的废水、废气和固体废弃物。以我国现行农用地土壤标准《土壤环境质量　农用地土壤污染风险管控标准（试行）》（GB 15618—2018）中规定的筛选值（表 1-1）为依据，我国华北地区、东北地区、华东地区、华中地区、华南地区、西南地区和西北地区多个省市区的矿冶区土壤中都存在不同程度的重金属污染。

表 1-1 农用地土壤标准筛选值 　　　　　　　　　单位：mg/kg

项目	镉（Cd）	汞（Hg）	砷（As）	铅（Pb）	铬（Cr）	铜（Cu）	镍（Ni）	锌（Zn）
筛选值	0.3	0.5	20	70	150	50	60	200

注：本表中数值不区分水田和果园等土地利用类型和土壤 pH 值，以其中最严格的标准限值为准。

1. 华北地区

北京市平谷区金矿附近土壤中铜（Cu）、锌（Zn）、镉（Cd）、铬（Cr）、镍（Ni）、铅（Pb）、砷（As）的含量分别为 26.5～175mg/kg、72～2460mg/kg、0.19～23.2mg/kg、67.1～177mg/kg、23～91.3mg/kg、34.3～6380mg/kg 和 22～2386mg/kg（张爱星等，2014）；高彦鑫等（2012）调查发现北京市密云水库上游金属矿区土壤中铬（Cr）、铜（Cu）、锌（Zn）、镍（Ni）等重金属含量明显高于北京市的土壤背景值。内蒙古包头某矿区土壤中铬（Cr）、锌（Zn）和铅（Pb）的含量分别为 42.3～271.2mg/kg、67.7～868.9mg/kg 和 38.1～352.4mg/kg（段丽丽，2012）；山西平朔露天矿区土壤中镉（Cd）、汞（Hg）、铅（Pb）的含量分别为 0.03～0.39mg/kg、0.01～1.17mg/kg 和 17～122mg/kg（秦俊梅，2004）；河北江宁铜矿附近农田土壤中铜（Cu）、铅（Pb）、锌（Zn）、镉（Cd）和铬（Cr）的含量分别为 7～147mg/kg、13～373mg/kg、35～1180mg/kg、0.12～0.92mg/kg 和 35～170mg/kg（Qin et al.，2012）。

2. 东北地区

黑龙江鸡西石墨尾矿库周边土壤中镉（Cd）、汞（Hg）、锌（Zn）、镍（Ni）和铬（Cr）的含量分别为 22.5～50.1mg/kg、8.2～15.6mg/kg、102.4～223.3mg/kg、271.4～449.2mg/kg 和 144.5～210.5mg/kg（韩雪冰等，2011）；辽宁抚顺铜矿区周边土壤中铜（Cu）、锌（Zn）、铅（Pb）、镉（Cd）和砷（As）的含量分别为 178～3610mg/kg、353～2570mg/kg、144～207mg/kg、0.2～13.1mg/kg 和 6.3～30.1mg/kg（石平，2010）；吉林桦甸市某金矿周边土壤中汞（Hg）的含量为 0.06～2.51mg/kg（Meng et al.，2016）。

3. 华东地区

安徽淮南采煤沉陷矿区铬（Cr）、铅（Pb）和镉（Cd）的含量分别为 116.6～229.6mg/kg、22～76mg/kg 和 0.4～1.6mg/kg（张前进等，2013）；江西大余矿区及周边土壤中铅（Pb）、铬（Cr）、铜（Cu）、锌（Zn）和镉（Cd）的含量分别为 21～277mg/kg、51.4～339.6mg/kg、22.8～114.1mg/kg、26.4～268.8mg/kg、0.2～9.4mg/kg（张静，2015）；浙江漓渚铁矿周边土壤中锌（Zn）、铅（Pb）、镉（Cd）、汞（Hg）和砷（As）的含量分别为 66～850mg/kg、27～185mg/kg、0.03～1.58mg/kg、0.04～0.96mg/kg 和 5.4～47.5mg/kg（王森，2014）；福建尤溪矿区土壤中镉（Cd）、铜（Cu）、铅（Pb）和锌（Zn）的含量分别为 2.8～17.8mg/kg、44.4～560.8mg/kg、103.8～3626.3mg/kg 和 134.5～3415.0mg/kg（郭世鸿等，2013）；江

苏南京铅锌矿区周边土壤中铜（Cu）、锌（Zn）和铅（Pb）的含量分别为70.9～208.2mg/kg、
344.2～3484.6mg/kg 和 684.4～2534.3mg/kg（袁静，2014）；山东招远市矿区土壤中镉
（Cd）、铜（Cu）、铅（Pb）和锌（Zn）的含量分别为0.06～0.75mg/kg、17.3～218.5mg/kg、
24.8～873.9mg/kg 和 24.2～238.0mg/kg（Wang et al.，2010）。

4. 华中地区

湖北大冶铜铁矿区土壤中铅（Pb）、铜（Cu）、锌（Zn）和镉（Cd）的含量分别为14.0～
143.1mg/kg、298.4～1933.5mg/kg、183.9～487.6mg/kg 和 0.4～6.1mg/kg（黄康俊等，2008）；
湖南郴县矿区土壤中铅（Pb）、镉（Cd）、锌（Zn）、砷（As）和汞（Hg）的含量分别为
66.5～4280.6mg/kg、0.2～12.8mg/kg、82.1～1465.5mg/kg、4.9～709.1mg/kg 和 0.9～
12.3mg/kg（雷鸣等，2012）；河南鹤壁矿区周边农田土壤中铜（Cu）、锌（Zn）和铅（Pb）
的含量分别为25～123mg/kg、99～399mg/kg 和 14～90mg/kg（高军侠等，2013）。

5. 华南地区

广西河池铅锑矿区土壤中铬（Cr）、镉（Cd）、铅（Pb）、砷（As）和铜（Cu）的含
量分别为 10～832mg/kg、9～240mg/kg、128～39 374mg/kg、32～37 611mg/kg 和 24～
4148mg/kg（项萌等，2010）；云南兰坪县铅锌尾矿区铅（Pb）、锌（Zn）、铜（Cu）和
镉（Cd）的含量分别为 2785～5242mg/kg、5008～11 201mg/kg、32～89mg/kg 和 31～
142mg/kg（缪福俊等，2011）；海南昌化尾矿区土壤中镉（Cd）、铜（Cu）、镍（Ni）、
铅（Pb）和锌（Zn）的含量分别为 19～73mg/kg、305～677mg/kg、6～69mg/kg、4699～
10000mg/kg 和 2184～6702mg/kg（鲁双凤，2012）。

6. 西南地区

重庆市万盛硫化矿周边土壤中铜（Cu）和铬（Cr）的含量分别为 5～178mg/kg 和
66～200mg/kg（Song et al.，2015）；贵州六盘水铅锌矿区土壤中铜（Cu）、镉（Cd）、铅
（Pb）、锌（Zn）的含量分别为 52～2589mg/kg、3～86mg/kg、405～13 789mg/kg 和 308～
6711mg/kg（董亚辉等，2013）；四川攀枝花钒钛磁铁矿区土壤中铜（Cu）、铅（Pb）、锌
（Zn）、镍（Ni）、铬（Cr）的含量分别为 11～187mg/kg、6～372mg/kg、77～892mg/kg、
8～124mg/kg、18～281mg/kg（庹先国等，2007）；西藏当雄县铜锌铅矿区土壤中铜（Cu）、
锌（Zn）、铅（Pb）和镉（Cd）的含量分别为 45～496mg/kg、147～482mg/kg、18～1359mg/kg
和 9～59mg/kg（敬久旺等，2011）；云南会泽铅锌矿区土壤中镉（Cd）、镍（Ni）、砷（As）、
铅（Pb）、铬（Cr）和锌（Zn）的含量分别为 0.1～9.5mg/kg、ND～147.9mg/kg（注：
ND 为未检出）、1～132mg/kg、5～2186mg/kg、1～279mg/kg 和 183～697mg/kg（陆泗
进等，2015）。

7. 西北地区

陕西小峪河金矿区上中下游土壤中铜（Cu）、铅（Pb）和锌（Zn）的含量分别为32～330mg/kg、46～240mg/kg、79～736mg/kg（薛喜成和陈菲，2013）；甘肃金昌镍钴矿区土壤中铬（Cr）、铜（Cu）、镍（Ni）、铅（Pb）的含量分别为60～506mg/kg、34～547mg/kg、30～512mg/kg 和6～96mg/kg（李小虎等，2008）；新疆吉木萨尔县煤田露天矿区土壤中镉（Cd）、汞（Hg）和砷（As）的含量分别为31～187mg/kg、0.01～0.51mg/kg 和1.5～55mg/kg（刘巍等，2016）；宁夏石嘴山某钢铁厂周边土壤中镉（Cd）、铅（Pb）、铜（Cu）和锌（Zn）的含量分别为 0.08～18.6mg/kg、22～2681mg/kg、15～170mg/kg 和59～4207mg/kg（Li et al.，2016）。

根据以上资料可以看出，我国上述各个地区矿冶区土壤中重金属污染比较严重，主要污染物为镉（Cd）、铅（Pb）、砷（As）、铜（Cu）、锌（Zn）、铬（Cr）和镍（Ni），个别重金属的含量最高达到了数万毫克每千克。因此，很有必要对矿冶区土壤、农产品、地表水和地下水开展详细调查和评价，根据污染情况和超标情况分别采取风险管控和修复治理等措施。

国外也有关于矿冶区土壤遭受重金属污染的报道。斯洛伐克西喀尔巴阡山的一个锑矿周边土壤中砷（As）和锑（Sb）的最高含量分别达到了 10 250mg/kg 和9619mg/kg（Hiller et al.，2012）。韩国一个铅锌矿周边土壤中镉（Cd）、铜（Cu）、铅（Pb）和锌（Zn）的最高含量分别为39mg/kg、1400mg/kg、30 520mg/kg 和25 800mg/kg（Jung and Thornton，1996）。韩国 Imcheon 金银矿周边土壤中镉（Cd）、铜（Cu）、铅（Pb）和锌（Zn）的最高含量分别为9mg/kg、229mg/kg、8500mg/kg 和1640mg/kg（Jung, 2001）。波兰比托姆某采矿场和冶炼厂附近土壤中铅（Pb）、镉（Cd）、锌（Zn）和砷（As）的最高含量分别为5260mg/kg、106mg/kg、12 100mg/kg 和138mg/kg（Ullrich et al.，1999）。印度拉贾斯坦邦凯德里铜矿附近土壤中铜（Cu）、锌（Zn）、铬（Cr）、镉（Cd）、镍（Ni）和铅（Pb）的最高浓度分别为2533mg/kg、366mg/kg、146mg/kg、0.8mg/kg、77mg/kg 和44mg/kg（Punia et al.，2017）。

二、有机污染

多环芳烃（PAHs）是环境中一类普遍存在的持久性有机污染物，由两个或两个以上的苯环构成。多环芳烃具有很强的致癌、致畸、致突变性，美国环境保护局（USEPA）建议将 16 种多环芳烃（PAHs）列为优先控制污染物。持久性有机污染物具有半挥发性、远距离传输性、疏水性和亲脂性，可通过大气传输到较远的区域，通过各种途径最终进入土壤环境，并经食物链在生物体内累积，进而影响人体健康。矿冶区土壤中的多环芳烃（PAHs）主要来自煤炭等化石燃料的不完全燃烧、石油及其精炼产品的泄漏、采矿"三废"以及矿产运输过程中机动车尾气的排放等。目前，多地矿冶区土壤中均发现有多环芳烃（PAHs）的检出。湖南郴州市煤矿附近土壤中多环芳烃（PAHs）的超标率为75%[①]，最高超标6.7倍（朱岗辉等，2012）。河北邯郸钢铁冶炼区附近麦田土壤中多环芳烃（PAHs）的含量为123.4～1626.4μg/kg，小麦籽粒中多环芳烃（PAHs）的含量为19.0～34.0μg/kg（吴迪等，2016），其中土壤中多环芳烃（PAHs）含量最大值超过了《土壤环境质量 农用地土壤污染风险管控标准（试行）》（GB 15618—2018）中规定的苯并[a]芘的筛选值（0.55mg/kg），小麦籽粒中多环芳烃（PAHs）含量远远超过了《食品安全国家标准 食品中污染物限量》（GB 2762—2017）规定的苯并[a]芘含量限值（5.0μg/kg）的2.8～5.8倍[②]。

第二节　矿冶区土壤重金属污染的防治方法

矿冶区土壤重金属污染防治包括土壤重金属污染预防和土壤重金属污染治理修复两个方面。

一、土壤重金属污染预防措施

为了预防矿冶活动造成土壤重金属污染，需要在源头上进行控制。在矿冶活动过程中，将清洁生产工艺贯穿于选矿、冶炼等生产活动的每个环节，即清洁的投入、清洁的生产和清洁的产出，注重科技在环境保护和资源开发中的作用，从根本上防治矿冶活动造成的环境污染问题（李小虎，2007）。一般来说，常见的预防措施主要包括探矿阶段防治、固体废弃物综合利用、废水回收利用和雨污分流等（许远清等，2014）。

1）探矿阶段防治。探矿工作是矿山开采的首要重任。在坑道掘进过程中产生的废石中常会含有镉（Cd）、砷（As）、铅（Pb）等重金属污染物，排放到地表废石堆后，会随着雨水和风力等作用，对周边土壤和水体造成污染。减少坑道掘进能够从源头上减少重金属污染，因此地质人员在深边部找矿和生产勘探设计中，尽量使用坑内浅钻。同时，对产生的废石进行妥善处理，防止污染环境。

2）固体废弃物综合利用。对于一些贫矿、残矿、破碎矿柱、尾矿等开展综合回收工程，回收重金属资源，减少固体废弃物和重金属污染物的囤积量。

3）废水回收利用。向矿井水中定时投加碱进行中和。首先，将水提升至地表并进行监测，根据矿井水的pH值投加适量的石灰等药剂；然后，输送至井下作为工业用水，实现污水零排放。

4）雨污分流。尾矿库和废石场需建造截洪沟，防止雨水流入，确保尾矿库和废石

---

① 评价标准为荷兰土壤评价目标值 1mg/kg。

② 目前，我国法定标准中没有关于多环芳烃总量的限值，因此参考苯并[a]芘的含量限值。

场中的污水不溢出，从而保护周边的土壤和水体免受重金属污染。

加拿大矿业协会（The Mining Association of Canada，MAC）提出"可持续型矿业"（sustainable mining）必须考虑能源和温室气体排放管理（energy and greenhouse gas emissions management）、尾砂管理（tailings management）、生物多样性保护管理（biodiversity conservation management）、安全和健康（safety and Health）等。

加拿大矿业审查机构（Mining Facts）主要审查加拿大矿业公司日常活动，对环境可持续型矿业有深入的理解，指出矿业活动必须减少对周边环境的影响，留下的废弃地必须满足人类或生态系统重新利用的要求。建议从减少输入和减少输出两个方面采取措施。L.L.C.等公司也纷纷转载了 Mining Facts 发表的关于环境可持续型矿业方面的文章《如何让矿业变得更环境友好？》（"How can mining become more environmentally sustainable?"）（Mining Facts and L.L.C.，2018），建议从以下六个方面减少矿业对周边环境的影响。

1）减少水的输入。在矿业活动中，会使用大量的地表水和地下水，为了减少水的使用，可采取许多创新性的水资源保护措施。例如，1996～2005 年，加拿大提高了矿业用水循环利用率，用水量也降低了 33%。

2）降低能耗。矿业活动中使用的能源主要包括柴油、电、煤等，建议减少上述能源的使用并进行能源再生。例如，在牙买加运行的洛普康（RopeCon）运输系统，可以在铝土矿从山上运输到火车站的过程中将动能转换为电能，返回至电网。

3）减少土地毁坏。减少土地毁坏主要包括减少矿区所占的区域面积；减少产生的和存储的废物的量；通过移植或在矿区培育原有濒危植物来保持生物多样性；尽可能在现有基础设施附近有计划性地采矿；建议未来研发生物选矿技术，从而减轻对土地的毁坏程度。

4）减少废弃物排放。采矿废弃物主要包括固体废弃物、采矿废水和大气颗粒物。为了避免造成土壤、水体和大气污染，大部分矿区都会选择、设计和建造存放废弃物的场所。同时，采用清洁生产技术、环境控制技术、将废弃物作为原材料以及通过再利用技术来减少废弃物的排放量。

5）减少酸性矿井/坑排水。酸性矿井/坑排水（acid mine drainage，AMD）的产生是由于矿层中的伴生硫化物在开采过程中被氧化，同时矿物在氧化产物硫酸的作用下被溶蚀，使排水 pH 值降低，重金属含量增加。酸性矿井/坑排水会对地表水、地下水和土壤造成酸和重金属污染。可采取以下措施来防止酸性矿井/坑排水的产生：在水下存储废弃的岩石；用水淹没地下废弃矿井；将产酸的材料与可中和酸的材料混合；用黏土、塑料布等将废弃岩石覆盖；对含硫废弃物进行化学处理。

6）矿区复垦。采矿时间是相对短暂的，矿区的开采年限是由所开采的矿石的储量和质量所决定的。在采矿活动结束后，对矿区土壤进行复垦，从而满足人群或生态系统对土地的需求。

二、土壤重金属污染治理修复技术

矿冶区土壤重金属污染修复治理是指利用物理、化学或生物的方法将土壤中的重金属去除，或者降低重金属在土壤中的生物有效性和迁移性，降低土壤中重金属的健康风险和环境风险（赵永红等，2014）。常用的土壤重金属污染治理修复技术主要包括物理法、化学法和生物法。

1. 物理法

物理法是比较常用的一类技术，它是利用重金属与土壤颗粒各自物理特性的差异、采用物理学原理和方法，将污染物从土壤中去除的方法。物理法主要包括客土法、热脱附法、电动修复法和玻璃化法等。

（1）客土法

客土法是向污染土壤中添加未受污染的洁净土壤，减少土壤中重金属与农作物根系接触或降低耕作层土壤中重金属的含量，从而降低重金属对农作物的毒害作用和农产品超标风险的方法。客土法工程示意图如图 1-1 所示。

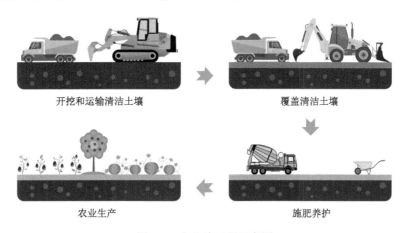

开挖和运输清洁土壤　　　　覆盖清洁土壤

农业生产　　　　施肥养护

图 1-1　客土法工程示意图

1981～1983 年，吴燕玉等（1984）在我国沈阳市张士灌区采用客土法对土壤进行了修复，发现糙米中镉（Cd）的含量降低了 50% 以上。在河北省临城县赵庄乡南沟村铁尾矿区采用客土和半客土改良模式后，土壤中有机质含量、全氮、全钾和全镁含量均有所增加（付文昊等，2012），从而促进植物的正常生长。黑龙江省漠河县某煤矿排土场和金矿尾矿库土壤采用客土法改良后，种植的樟子松、白桦、沙棘、紫丁香等植物的成活率在 80% 以上（谷金锋，2014）。在野外模拟实验中，在湖南石门某矿区周边砷（As）污染土壤表层客土 15cm 时，苋菜地上和地下部分的生物量有非常明显的增加，同时苋菜各部分中砷（As）的含量显著降低（侯李云，2015）。武慧斌等（2017）通过实验发现，客土能显著降低土壤中砷（As）的含量，随着客土比例的增加，大豆根、茎、叶、荚、籽粒中砷（As）的含量逐渐降低，当客土混合比例为40%时，大豆籽粒中砷（As）的含量降低了82.8%。

（2）热脱附法

热脱附法的原理是利用空气、蒸汽、红外辐射、微波或射频等方式对土壤进行加热，使一些具有挥发性的重金属[例如汞（Hg）和硒（Se）]从土壤中解吸出来，进行后续的回收和集中处理。图1-2是热脱附设备。

图1-2　热脱附设备

杨勤（2013）在云南省某氯碱生产废弃工厂的汞污染土壤中添加1%的氯化钙（CaCl$_2$）后，在400℃下进行热脱附，重金属去除率超过了98%，土壤中汞（Hg）的含量低于对应的修复目标值（10mg/kg）。何依琳等（2014）以贵州省万山矿区某汞加工企业周边的农田土壤为研究对象，添加三氯化铁（FeCl$_3$）并在450℃下进行热解吸，土壤中汞（Hg）的去除率超过了97%，修复后土壤中汞（Hg）的含量低于《土壤环境质量　农用地土壤污染风险管控标准（试行）》（GB 15618—2018）规定的管制值。赵涛等（2015）发现，氯化镁（MgCl$_2$）可以促进汞污染土壤中汞化合物的转化，降低热脱附温度，从而提高土壤中汞（Hg）的去除率。针对华北某工业厂区的汞（Hg）和多环芳烃（PAHs）复合污染土壤，在500℃下进行热脱附，汞（Hg）和多环芳烃（PAHs）的去除率均超过了90%（勾立争等，2018）。

（3）电动修复法

电动修复法的原理是利用置于污染土壤中的两个通电电极，在电化学和电动力学的复合作用下，水溶态或吸附于土壤颗粒表层的重金属离子根据所带电荷的不同分别向阳极或阴极发生定向迁移，然后在电极两端进行收集处理。

利用电动修复法对天津市原同生化工厂遗留下的铬渣山周边土壤[约含有28%的铬（III）]进行修复，修复后铬（VI）的去除率达到98%以上，而总铬（Cr）的去除率为

75%~77%（张瑞华和孙红文，2007）。林君锋等（2010）对龙岩钢铁厂附近土壤进行电动修复，土壤中铬（Cr）、铅（Pb）、铜（Cu）和锌（Zn）的去除率分别为53.8%、35.9%、38.2%和 59.3%，其中去除的重金属主要是交换态和碳酸盐结合态。采用电动修复对江苏省常熟市某电镀厂的土壤进行处理，当在阴极加入乳酸并保持 pH 值为 3.5 时，土壤中铜（Cu）的去除率超过 78%；当阴极和阳极都加入乙二胺四乙酸（EDTA）时，重金属在靠近阴极的区域发生聚集，去除率为 30%左右；当阴极加入柠檬酸后，土壤中铜（Cu）、镍（Ni）和 Cr（Ⅵ）的去除率均超过了 50%；当阴极加入硝酸并保持 pH 值为 3.5 时，土壤中 Cr（Ⅵ）的去除率超过了 93%（樊广萍等，2015）。

（4）玻璃化法

玻璃化法的原理是指在高温高压下熔化污染土壤，冷却后重金属[汞（Hg）和硒（Se）等重金属除外]与土壤一起形成玻璃态物质，从而固定土壤中的重金属。

王贝贝等（2013）发现，随着微波功率增高、辐射时间增长，土壤外观会有明显团聚结晶的玻璃化现象，镉（Cd）的固定率显著升高，而硼砂的添加可显著降低熔融温度。张帅（2017）发现当烧结温度为 1300℃、保温时间为 30min 时，土壤完全转变成非晶态，玻璃化效果最好，浸出率较低。这可能是二氧化硅和水界面形成了一层凝胶，从而降低了放射性核素的浸出速率。

2. 化学法

化学法是利用加入到土壤中的化学药剂与重金属发生一系列化学反应，达到使污染物毒性去除或降低的目的。常见的化学法一般包括淋洗法和钝化法。

（1）淋洗法

淋洗法是利用人工螯合剂、酸、无机淋洗剂和表面活性剂等淋洗剂[例如盐酸、磷酸盐、乙二胺四乙酸（EDTA）、二乙烯三胺五乙酸（DTPA）]来淋洗污染土壤，使土壤中的重金属形成溶解性的离子或络合物随淋洗剂流出，对含重金属的淋洗剂和土壤进行后续处理，从而达到治理污染土壤的目的。淋洗法施工现场如图1-3所示。

图 1-3 淋洗法施工现场

用乙二胺四乙酸二钠（$C_{10}H_{14}N_2Na_2O_8 \cdot 2H_2O$）淋洗广州市某电镀厂污染土壤时，锌（Zn）、铅（Pb）、铜（Cu）、铬（Cr）和镍（Ni）的去除率分别为 50.9%、24.3%、32.3%、15.1% 和 27.1%，而使用草酸淋洗液时，对铬（Cr）的去除率提高到了 36.5%（董汉英等，2010）。采用淋洗法对湖南水口山某铅锌选矿厂附近土壤进行修复时，发现柠檬酸对镉（Cd）、锌（Zn）、铅（Pb）和铜（Cu）的去除率分别为 59.5%、49.3%、43.5% 和 26.3%，而酒石酸对以上重金属的去除率分别为 58.8%、46.4%、35.9% 和 34.4%（易龙生等，2013）。用柠檬酸-茶皂素（体积比为 3 : 1）淋洗液修复广西某废弃铅锌冶炼企业的重金属复合污染土壤，铜（Cu）、铅（Pb）和锌（Zn）的去除率分别达到了 82.8%、65.5% 和 78.1%（吴烈善等，2014）。使用氢氧化钠和乙二胺四乙酸（EDTA）对湖南省某砷冶炼厂周边污染土壤进行连续淋洗，土壤中砷（As）的去除率达到了 91.8%，淋洗后土壤中砷（As）的形态发生了变化，其中有效态的比例明显降低（陈寻峰等，2016）。

（2）钝化法

钝化法的原理是向土壤中加入磷酸盐、硅酸盐、石灰、有机肥等药剂，降低土壤中重金属离子的活性，从而降低重金属的生物有效性和迁移性。固化/稳定化技术与钝化技术原理类似，主要应用于受污染的建设用地修复。污染土壤钝化修复现场如图 1-4 所示。

图 1-4 污染土壤钝化修复现场

以衡阳市常宁市松柏镇水口山矿区周边的污染土壤为研究对象，添加沸石后，土壤中铅（Pb）、镉（Cd）、铜（Cu）的交换态含量分别降低了 48.7%、56.2% 和 68.1%；添加石灰石后，土壤中铜（Cu）的交换态含量降低了 85.2%（陈炳睿等，2012）。在广西南宁市郊土壤中加入 2% 的腐殖质和 2% 的石灰后，铅（Pb）、铜（Cu）、镉（Cd）和锌（Zn）的稳定效率均达到了 95% 以上（吴烈善等，2015）。以湖南省怀化市沅陵县铅锌矿区土壤为研究对象，发现添加羟基磷灰石改性的壳聚糖后，土壤中锌（Zn）、铅（Pb）、镍（Ni）、铜（Cu）、铬（Cr）、镉（Cd）的酸可提取态比例有所降低，而残渣态比例则有不同程度的增加；添加含磷物质-生物炭复配稳定剂后，土壤中重金属的残渣态比例有所升高，土壤中也发现生成了 $Zn_3(PO_4)_2 \cdot 4H_2O$、$Pb_5(PO_4)_3Cl$ 和 $Pb_{10}(PO_4)_6(OH)_2$ 等矿物（房增强，2016）。在湖南省东江湖某铅锌矿区附近的污染土壤中投加磷酸二氢钾-生石灰-氯化钾复合药剂后，土壤中铅（Pb）的稳定效率超过 80%，铅（Pb）和锌（Zn）的浸出浓度远低于标准限值，将交换态的铅（Pb）和锌（Zn）转化为残渣态，生成磷酸铅盐和类磷氯铅矿等（谢伟强等，2015）。

3. 生物法

生物法是利用生物（例如植物、动物和微生物）的生命代谢活动将重金属污染物吸收、富集和转移，进而恢复土壤系统正常生态功能的方法。生物修复技术一般包括植物修复法、微生物修复法和植物-微生物修复法。另外，土壤动物的存在也会通过提高修复植物的生物量等方式，从而间接降低土壤中重金属的总量或有效态含量。

（1）植物修复法

植物修复法是利用植物进行提取、根际滤除、挥发等方式降低土壤中重金属含量，从而使污染土壤恢复正常功能。在修复过程中，会根据土壤实际情况来添加提取剂和强化剂，用于提高植物对重金属的提取效率。利用蜈蚣草修复污染土壤的现场如图 1-5 所示。

图 1-5　利用蜈蚣草修复污染土壤的现场

通过开展盆栽实验以及在辽宁凤城青城子铅锌矿和张士污灌区的大田实验发现，龙葵对土壤中的镉（Cd）有超富集作用（魏树和等，2005）。蜈蚣草（Ma et al.，2001；陈同斌等，2002）和大叶井口边草（韦朝阳等，2002）对土壤中的砷（As）有超富集作用。利用巨菌草修复重金属污染土壤，每亩（1 亩 ≈ 666.67m²）每年可从土壤中吸收转移

454.3g 铜（Cu）和 9.5g 镉（Cd），燃烧后巨菌草灰烬中铜（Cu）和镉（Cd）的含量分别为 1822.3mg/kg 和 10.2mg/kg，毒性浸出试验结果表明，其不属于危险废物（周静和崔红标，2014）。印度荠菜对土壤中镉（Cd）和锌（Zn）有较强的忍耐和富集能力（蒋先军等，2002）。

（2）微生物修复法

微生物修复法是利用土著微生物或人工驯化的具有特定功能的微生物，在其生理活动过程中，对污染物进行吸附和转化等作用，从而降低土壤中重金属活性。

黄顺红（2009）发现，与对照区相比，铬渣堆场污染土壤中的细菌、真菌和放线菌的数量分别降低了 89.9%、99.8% 和 99.9%，并从污染土壤中分离出一种嗜碱性细菌，能够将 Cr（Ⅵ）还原成 Cr（Ⅲ），生成 Cr(OH)$_3$ 沉淀。在湖南某厂的铬渣堆场土壤中添加碳源、氮源和水后，土著微生物被激活，在第 4 天基本可以去除土壤中的水溶性 Cr（Ⅵ）（黄顺红，2011）。以南京某选矿厂周边污染土壤为研究对象，利用碳酸盐矿化菌分解底物尿素，产生的碳酸根离子与重金属离子结合，土壤中砷（As）、铅（Pb）、镉（Cd）、锌（Zn）和铜（Cu）的交换态浓度降低了 50% 以上（许燕波等，2013）。

（3）植物-微生物修复法

植物-微生物修复法是将微生物的吸附转化作用与植物修复结合起来，同时微生物和植物会相互促进生长，从而进一步提高修复效果。

巨大芽孢杆菌和胶质芽孢杆菌能够促进印度荠菜的生长，提高土壤中重金属的有效态含量，促进印度荠菜对土壤中镉（Cd）、铅（Pb）和锌（Zn）的提取量分别提高了 52%、121% 和 23%（杨卓等，2009）。耐镉菌和伴矿景天能够高效修复受镉（Cd）污染的土壤（周慧芳等，2017）。丛枝菌根真菌（arbuscular mycorrhiza fungus, AMF）能够提高豆科植物对土壤中铅（Pb）的修复效率（杨玉荣，2015）。聚团肠杆菌 KMC-7（E. agglomerans KMC-7）和醋酸钙不动杆菌 YC-5（A. calcoaceticus YC-5）都能够促进印度荠菜的生长，同时提高对土壤中镉（Cd）的吸收，印度荠菜地上部分中铅（Pb）的含量与对照相比分别增加了 33% 和 72% 以上（任永霞，2011）。氧化亚铁硫杆菌（thiobacillus ferrooxidans）能够强化黑麦草对重金属的富集，与对照相比，黑麦草地上部分和地下部分对铜（Cu）、镉（Cd）和铅（Pb）的吸收量都有非常明显的增加（刘卫敏，2016）。

（4）土壤动物

利用蚯蚓和白三叶、黑麦草修复浙江省台州市某污染地块的土壤，18 个月后土壤中镉（Cd）、铜（Cu）和铅（Pb）的含量分别降低 92.3%、42.0% 和 24.7%（田伟莉等，2013）。蚯蚓能够显著增加黑麦草（王丹丹等，2007；杨柳等，2010）和甜高粱（马淑敏等，2008）等植物地上部分的生物量，因此可以间接提高对铜（Cu）、铅（Pb）和镉（Cd）等重金属的修复效率。

主要参考文献

陈炳睿，徐超，吕高明，等，2012. 6 种固化剂对土壤 Pb、Cd、Cu、Zn 的固化效果[J]. 农业环境科学学报，31（7）：1330-1336.

陆泗进，王业耀，何立环，等，2014. 会泽某铅锌矿周边农田土壤重金属生态风险评价研究[J]. 中国环境监测，23（11）：1832-1838.

陈同斌，韦朝阳，黄泽春，等，2002. 砷超富集植物蜈蚣草及其对砷的富集特征[J]. 科学通报，47（3）：207-210.

陈寻峰，李小明，陈灿，等，2016. 砷污染土壤复合淋洗修复技术研究[J]. 环境科学，37（3）：1147-1155.

董汉英，仇荣亮，赵芝灏，等，2010. 工业废弃地多金属污染土壤组合淋洗修复技术研究[J]. 土壤学报，47（6）：1126-1133.

董亚辉，戴全厚，邓伊晗，等，2013. 不同类型铅锌矿废弃地重金属的分布特征及污染评价[J]. 贵州农业科学，41（5）：109-112.

段丽丽，2012. 白云鄂博矿区土壤重金属污染地球化学评价[J]. 山东理工大学学报（自然科学版），26（6）：23-28.

樊广萍，朱海燕，郝秀珍，等，2015. 不同的增强试剂对重金属污染场地土壤的电动修复影响[J]. 中国环境科学，35（5）：1458-1465.

房增强，2016. 铅锌矿区土壤重金属污染特征及稳定化研究[D]. 北京：中国矿业大学.

付文昊，王岩，于清芹，等，2012. 不同土壤改良模式对铁尾矿复垦效果的影响[J]. 土壤与肥料，8：158-163.

高军侠，党宏斌，姜灵彦，等，2013. 矿区周围农田土壤重金属铜锌铅污染及生物效应分析[J]. 中国农学通报，29（26）：137-141.

高彦鑫，冯金国，唐磊，等，2012. 密云水库上游金属矿区土壤中重金属形态分布及风险评价[J]. 环境科学，33（5）：1707-1717.

勾立争，刘长波，刘诗诚，等，2018. 热脱附法修复多环芳烃和汞复合污染土壤实验研究[J]. 环境工程，36（2）：184-187，146.

谷金锋，2014. 大兴安岭典型采矿迹地土壤重金属污染分析与生态恢复研究[D]. 哈尔滨：东北林业大学.

郭世鸿，马祥庆，侯晓龙，等，2013. 铅锌矿冶炼厂周边土壤重金属分布特征与生态污染评价. 农业环境与生态安全——第五届全国农业环境科学学术研讨会论文集[C]. 天津：中国农业生态环境保护协会.

韩雪冰，王笑峰，蔡体久，2011. 石墨尾矿库及周围土壤重金属污染特征与评价[J]. 黑龙江大学工程学报，2（2）：58-62.

何依琳，张倩，许端平，等，2014. FeCl₃ 强化汞污染土壤热解吸修复[J]. 环境科学研究，27（9）：1074-1079.

侯李云，2015. 客土改良技术对砷污染土壤的修复及其对蔬菜吸收砷的影响[D]. 长沙：湖南农业大学.

黄康俊，谢淑云，鲍征宇，等，2008. 大冶铜绿山铜铁矿床尾矿砂中重金属与微量元素环境地球化学特征研究[J]. 地球化学，37（3）：213-222.

黄顺红，2009. 铬渣堆场铬污染特征及其铬污染土壤微生物修复研究[D]. 长沙：中南大学.

黄顺红，2011. 土著微生物原位修复铬渣堆场污染土壤的条件优化[J]. 中国有色金属学报，21（5）：1741-1747.

蒋先军，骆永明，赵其国，2002. 重金属污染土壤的植物修复研究Ⅲ——金属富集植物 Brassica juncea 对锌镉的吸收和积累[J]. 土壤学报，39（5）：664-670.

敬久旺，赵玉红，张涪平，等，2011. 藏中矿区表层土壤重金属污染评价[J]. 贵州农业科学，39（7）：126-128.

雷鸣，曾敏，廖柏寒，等，2012. 某矿区土壤和地下水重金属污染调查与评价[J]. 环境工程学报，6（12）：4687-4693.

李小虎，2007. 大型金属矿山环境污染及防治研究——以甘肃金川和白银为例[D]. 兰州：兰州大学.

李小虎，汤中立，初凤友，2008. 典型铜镍矿区周围环境介质中重金属及其化学形态分布特征[J]. 吉林大学学报（地球科学版），38（5）：847-853.

林君锋，崔喜勤，王果，等，2010. 动电修复不同形态重金属污染土壤效果研究[J]. 环境工程学报，4（11）：2585-2589.

刘巍，杨建军，汪君，等，2016. 准东煤田露天矿场土壤重金属污染现状评价及来源分析[J]. 环境科学，37（5）：1938-1945.

刘卫敏，2016. 重金属污染土壤的植物-微生物-土壤改良的联合修复技术研究[D]. 北京：北京林业大学.

鲁双凤，2012. 海南昌化铅锌矿尾矿库废弃地土壤重金属含量特征与污染评价[D]. 海口：海南师范大学.

陆泗进，王业耀，何立环，2015. 会泽某铅锌矿周边农田土壤重金属风险评价研究[J]. 中国环境监测，31（6）：77-82.

马淑敏，孙振钧，王冲，2008. 蚯蚓-甜高粱复合系统对土壤镉污染的修复作用及机理初探[J]. 农业环境科学学报，27（1）：133-138.

缪福俊，孙浩，陈玲，等，2011. 兰坪铅锌尾矿区土壤与自然发生的 5 种植物的研究[J]. 环境工程学报，5（1）：189-194.

秦俊梅，2004. 矿区复垦土壤环境质量分析与评价——以平朔露天矿区为例[D]. 晋中：山西农业大学.

任永霞，2011. 陕北矿区重金属污染土壤的微生物-植物联合修复技术研究[D]. 西安：西北大学.

石平，2010. 辽宁省典型有色金属矿区土壤重金属污染评价及植物修复研究[D]. 沈阳：东北大学.

田伟莉，柳丹，吴家森，等，2013. 动植物联合修复技术在重金属复合污染土壤修复中的应用[J]. 水土保持学报，27（5）：188-192.

庹先国，徐争启，滕彦国，等，2007. 攀枝花钒钛磁铁矿区土壤重金属地球化学特征及污染评价[J]. 矿物岩石地球化学通报，26（2）：127-131.

王贝贝，朱湖地，陈静，2013. 重金属污染土壤微波玻璃化技术研究[J]. 环境工程，31（2）：96-98，108.

王丹丹，李辉信，胡锋，等，2007. 蚯蚓-秸秆及其交互作用对黑麦草修复 Cu 污染土壤的影响[J]. 生态学报，27（4）：1292-1299.

王淼，2014. 矿区下游土壤典型重金属的积累规律研究[D]. 杭州：浙江大学.

韦朝阳，陈同斌，黄泽春，等，2002. 大叶井口边草——一种新发现的富集砷的植物[J]. 生态学报，22（5）：777-778.

魏树和，周启星，王新，2005. 超积累植物龙葵及其对镉的富集特征[J]. 环境科学，26（3）：167-171.

吴迪，汪宜龙，刘伟健，等，2016. 河北邯郸钢铁冶炼区周边麦田土和小麦籽粒的多环芳烃含量及其组分谱特征[J]. 环境科学，37（2）：740-749.

吴烈善，吕宏虹，苏翠翠，等，2014. 环境友好型淋洗剂对重金属污染土壤的修复效果[J]. 环境工程学报，8（10）：4486-4491.

吴烈善，曾东梅，莫小荣，等，2015. 不同钝化剂对重金属污染土壤稳定化效应的研究[J]. 环境科学，36（1）：309-313.

吴燕玉，陈涛，孔庆新，等，1984. 张士灌区镉污染及其改良途径[J]. 环境科学学报，4（3）：275-283.

武慧斌，曾希柏，汤月丰，等，2017. 砷污染土壤不同比例客土对大豆生长和吸收砷的影响[J]. 农业环境科学学报，36（10）：2021-2028.

项萌，张国平，李玲，等，2010. 广西河池铅锑矿冶炼区土壤中锑等重金属的分布特征及影响因素分析[J]. 地球与环境，38（4）：495-500.

谢伟强，李小明，陈灿，等，2015. 土壤中铅锌的稳定化处理及机制研究[J]. 环境科学，36（12）：4609-4614.

许燕波，钱春香，陆兆文，2013. 微生物矿化修复重金属污染土壤[J]. 环境工程学报，7（7）：2763-2768.

许远清，韦方ером，张绍国，等，2014. 广西铜坑矿区重金属污染防治实践[J]. 中国矿山工程，43（5）：17-20.

薛喜成，陈菲，2013. 小峪河金矿区土壤、植被重金属污染研究[J]. 西北农林科技大学学报（自然科学版），41（8）：141-148.

杨柳，李广枝，童倩倩，等，2010. Pb^{2+}、Cd^{2+}胁迫作用下蚯蚓、菌根菌及其联合作用对植物修复的影响[J]. 贵州农业科学，38（11）：156-158.

杨勤，2013. 氯盐协同热脱附技术处理汞污染土壤的研究[D]. 杨凌：西北农林科技大学.

杨玉荣，2015. 丛枝菌根真菌（AMF）提高植物修复土壤重金属 Pb 污染的作用机制[D]. 杨凌：西北农林科技大学.

杨卓，李术娜，李博文，等，2009. 接种微生物对土壤中 Cd、Pb、Zn 生物有效性的影响[J]. 土壤学报，46（4）：670-675.

易龙生，王文燕，陶冶，等，2013. 有机酸对污染土壤重金属的淋洗效果研究[J]. 农业环境科学学报，32（4）：701-707.

袁静，2014. 铅锌矿区土壤和蚯蚓中重金属元素形态分析与富集规律研究[D]. 北京：中国地质大学.

张爱星，聂义宇，季宏兵，等，2014. 北京市水源涵养区上游万庄金矿田土壤重金属空间分布、形态特征及污染评价[J]. 农业环境科学学报，33（12）：2321-2328.

张静，2015. 赣南钨矿区土壤重金属空间分布及其形态研究[D]. 赣州：江西理工大学.

张前进，陈永春，安士凯，2013. 淮南矿区土壤重金属污染的植物修复技术及植物优选[J]. 贵州农业科学，41（4）：164-167.

张瑞华，孙红文，2007. 电动力和铁 PRB 技术联合修复铬（VI）污染土壤[J]. 环境科学，28（5）：1131-1136.

张帅，2017. 放射性污染土壤的微波固化工艺及其效应评价[D]. 绵阳：西南科技大学.

赵涛，王兴润，杨晓进，等，2015. 氯盐对汞化合物污染土壤热脱附过程的影响[J]. 环境科学研究，28（3）：425-430.

赵永红，周丹，余水静，等，2014. 有色金属矿山重金属污染控制与生态修复[M]. 北京：冶金工业出版社：129-130.

周慧芳，王京文，孙吉林，等，2017. 耐镉菌联合植物吸收对土壤重金属镉污染的修复[J]. 浙江大学学报（农业与生命科学版），43（3）：341-349.

周静，崔红标，2014. 规模化治理土壤重金属污染技术工程应用与展望——以江铜贵冶周边区域九牛岗土壤修复示范工程为例[J]. 中国科学院院刊，29（3）：336-343.

朱岗辉，孙璐，廖晓勇，等，2012. 郴州工业场地重金属和 PAHs 复合污染特征及风险评价[J]. 地理研究，31（5）：831-839.

HILLER E, LALINSKÁ B, CHOVAN M, et al.，2012. Arsenic and antimony contamination of waters, stream sediments and soils in the vicinity of abandoned antimony mines in the Western Carpathians, Slovakia [J]. Applied Geochemistry, 27（3）: 598-614.

JUNG M C, 2001. Heavy metal contamination of soils and waters in and around the Imcheon Au-Ag mine, Korea [J]. Applied Geochemistry, 16（11-12）: 1369-1375.

JUNG M C, THORNTON I, 1996. Heavy metal contamination of soils and plants in the vicinity of a lead-zinc mine, Korea [J]. Applied Geochemistry, 11（1-2）: 53-59.

LI P, WU J, QIAN H, et al., 2016. Distribution, enrichment and sources of trace metals in the topsoil in the vicinity of a steel wire plant along the Silk Road economic belt, northwest China [J]. Environmental Earth Sciences, 75（10）: 1-16.

MA L Q, KOMAR K M, TU C, et al., 2001. A fern that hyperaccumulates arsenic [J]. Nature, 409: 579.

MENG D, WANG N, AI J C, et al., 2016. Distribution and assessment of residual mercury from gold mining in Changbai Mountain Range Northeastern China [J]. IOP Conference Series: Earth and Environmental Science, 012007.

MINING FACTS AND L.L.C., 2018. How can mining become more environmentally sustainable?[EB/OL].（2018-09-28）[2019-09-20]. https://ioccompany.com/iron-a-biological-element/.

PUNIA A, SIDDAIAH N S, SINGH S K, 2017. Source and assessment of metal pollution at Khetri copper minetailings and neighboring soils, Rajasthan, India [J]. Bulletin of Environmental Contamination and Toxicology, 99（5）: 633-641.

QIN C, LUO C, CHEN Y, et al., 2012. Spatial-Based Assessment of Metal Contamination in Agricultural Soils Near an Abandoned Copper Mine of Eastern China [J]. Bulletin of Environmental Contamination and Toxicology, 89（1）: 113-118.

SONG L, JIAN J, TAN D J, et al., 2015. Estimate of heavy metals in soil and streams using combined geochemistry and field spectroscopy in Wan-sheng mining area, Chongqing, China [J]. International Journal of Applied Earth Observations and Geoinformation, 34（1）: 1-9.

THE MINING ASSOCIATION OF CANADA, 2018. Protocols & Frameworks [EB/OL].（2018-09-28）[2019-09-20]. http://mining.ca/towards- sustainable-mining/protocols-frameworks.

ULLRICH S M, RAMSEY M H, HELIOS-RYBICKA E, 1999. Total and exchangeable concentrations of heavy metals in soils near Bytom, an area of Pb/Zn mining and smelting in Upper Silesia, Poland [J]. Applied Geochemistry, 14（2）: 187-196.

WANG Q, DAI J L, YU Y, et al., 2010. Efficiencies of different microbial parameters as indicator to assess slight metal pollutions in a farm field near a gold mining area [J]. Environmental Monitoring and Assessment, 161（1-4）: 495-508.

第二章 大冶市概况

第一节 自然环境概况

一、地理位置

大冶市是湖北省黄石市下属县级市，位于湖北省东南部（图2-1），长江中游南岸，幕阜山脉北侧的边缘丘陵地带，地处武汉、鄂州、黄石、九江城市带之间和湖北"冶金走廊"腹地，地跨东经 114°31′～115°20′，北纬 29°40′～30°15′。大冶市西北地区与鄂州市为邻，东北地区与蕲春县、浠水县隔江相对，西南地区与武汉市、咸宁市毗邻，东南地区与阳新县接壤，距省会武汉仅 90km。

大冶素有"百里黄金地，江南聚宝盆"之美誉，有着三千多年的采冶史，一千多年的建县史。宋乾德五年（公元967年）建县，取"大兴炉冶"之意，定名为"大冶市"。1994年大冶撤县建市，先后被列为全国首批资源枯竭城市、湖北省城乡一体化试点市。全市国土面积1566km²，辖10个乡镇、4个城区街道办事处、1个国家级高新区和1个国有农场（图2-2）。

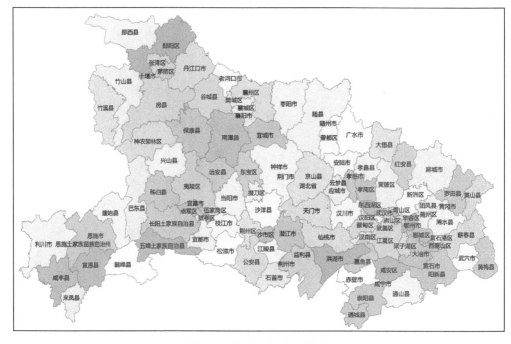

图 2-1 湖北省行政区划图

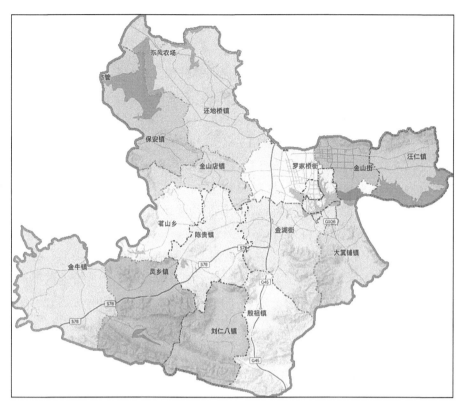

（a）大冶建市前行政区划

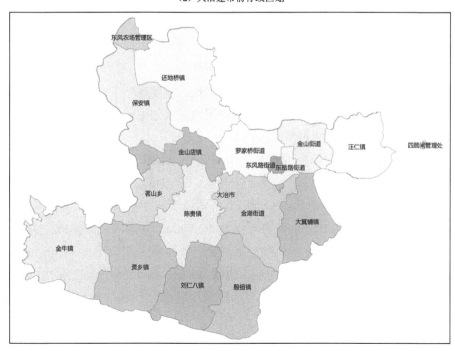

（b）大冶建市后行政区划

图 2-2　大冶市行政区划图

二、气候条件

大冶市处于北亚热带向南温带过渡地区,四季分明,冬寒夏热,光能充足,雨量充沛。冬季寒冷少雨,严寒期较短;春季阴雨绵绵,温度变化大;初夏雨量集中,易发生洪涝灾害;盛夏炎热少雨,伏旱频繁;秋季秋高气爽,降温速度快。

年平均气温 16.9℃。夏季(6~8月)平均气温 31.7℃,冬季(12月、1月和2月)平均气温 2.7℃。极端最高气温 40.1℃,极端最低气温-10.0℃。年均无霜期 261 天,年均降水量为 1385.8mm,年平均相对湿度 77%,年平均蒸发量 1300~1400mm。年平均风速为 2.7m/s,最大风速 18.8m/s,年平均静风率 12%,主导风向是东南风。

根据气候和海拔等因素,将大冶市分三个区域。

1)中北部丘陵平畈温暖湿润区:所属范围大致包括市城区和黄金湖、曙光、还地桥、河口、湖山、四棵、金山店,以及大箕铺、金湖、陈贵、茗山部分地区等。本区海拔一般为 20~50m,偶有海拔 100~200m 的孤立山丘,区内还包含大冶湖、保安湖和众多塘堰。

2)西南部平畈丘陵温暖多湿区:包括金牛、西畈大部分和灵乡部分地区等。

3)南部丘陵低山温和多湿区:包括殷祖、刘仁八、毛铺和金湖、大箕铺、陈贵部分地区等。其海拔 50~840m,气候特点是:低温、多雨、寡照、地形起伏、山谷田交叉,以及光、热、水资源差异明显。

三、地形地貌和地质条件

大冶市地处幕阜山北侧,为幕阜山向长江河床冲积平原过渡地带,辖地内多低山,呈现"南山北丘东西湖,南高北低东西平"的特点。全境地势由西南向东北倾斜,地形破碎,局部地方形成不完整的山间盆地。在全国地貌区划中,属于华东、华南低山与丘陵区和长江中、下游湖积、冲积平原区。

综观全市地貌,大致自南向北倾斜,南高北低、中间平,平原之间低山和岗丘交错。南部幕阜余脉有龙角山、太婆尖、荷叶垴、石鼓垴、金竹尖、天台山和大王山等。南部群山形成两道弧形山系:外围山系平均海拔在 700m 以上,其中太婆尖海拔840m,是大冶最高峰。内侧山系平均海拔 600~700m,主峰猫儿铺海拔 774m。在两道弧形山系中夹着果城里盆地。中部三角山脉,最高峰大茗山海拔 383m;东部黄金山脉最高峰郭家垴海拔 448m;西部沼山海拔 418m;东北角、西北角为大冶湖和梁子湖所抱,大冶湖湖底海拔 13m。大冶市地面坡度(分别按照地形和高程分类)见表 2-1 和表 2-2。

表 2-1 大冶市地面坡度表（按地形分）

地形类别	面积/km²	占总面积比例/%	相对高度/m	坡度/（°）
水面	138.77	8.50	—	—
平原	517.00	31.68	<10	<3
岗地	383.93	23.52	20 左右	7～15
丘陵	263.93	16.16	5～200	15～25
低山	328.89	20.14	200～500	>25
合计	1632.52	100	—	—

表 2-2 大冶市地面坡度表（按海拔分）

海拔（吴淞）/m	面积/km²	占总面积比例/%
<50 江湖水面	112.92	6.9
<50 陆地	840.11	51.5
50～100 丘陵	287.98	17.6
100～200 丘陵	175.33	10.7
200～500 低山	185.02	11.3
>500 高山	31.16	1.9

大冶市的丘陵地带主要分布在市内中、东、西、北部，占市域面积的 67%，南部偏东以山地为主，占 15%，湖泊主要分布在市内的东、西部，平畈主要分布在湖泊周围、河流两岸和山谷之中，湖泊、平畈面积均占市域面积的 9%，其他占 9%。

大冶市处于淮阳山字型构造的前弧西翼，扬子准地台中部，市内地层以中、古生界最为发育。其地质构造复杂，褶皱断裂颇为发育，小褶曲、小断层比比皆是，数以百计。早期形成的褶皱断裂都不同程度地起着控岩、控矿作用，而后期形成的则破坏了地层和矿体的连续性。

大冶市地层从古生界至新生界均有出露，地层发育较好。最古老的地层为古生界寒武系白云岩、灰岩、页岩及奥陶系灰岩，东部章山—青山地带有少量出露。出露地层主要有志留系、泥盆系、石炭系、二叠系、三叠系、白垩系和第四系。其中，中下叠统分布广泛，是铁、铜成矿最密集的围岩（魏克涛等，2007）。各出露地层特征分别如下：

志留系，主要包括页岩、砂岩、粉砂岩、灰岩、钒和石煤等。

泥盆系，主要是石英岩状砾岩夹黏土岩。

石炭系，主要由石灰岩和白云岩组成。

二叠系，海相碳酸盐，主要由高岭石黏土和累托石黏土组成，上统为含炭底层，由含煤砂页岩、铝土矿、耐火黏土矿、赤铁矿和硅质岩等组成。

三叠系，下统为浅海相沉积碳酸盐岩，中上统为一大碎屑岩，含石膏、铜等。

白垩系，主要由火山岩、碎屑岩和泥质粉砂岩组成。

第四系，主要为黏土、亚黏土、砂粒和粉石等。

四、土壤类型

大冶市土壤分布具有地域性特征，主要的土壤类型包括黄棕壤、红壤和棕红壤，少量为水稻土。大冶市域内土壤主要土种有五类：①红棕壤，主要在低山丘陵地区，面积约 68.17 万亩，占全市总面积的 29.2%；②石灰岩土，面积约 14 万亩，遍布全市各地；③紫色土，主要分布在汪仁、罗桥街办、灵乡和金牛一线；④潮土，分布在湖泊周围、河流两旁的平原、大畈、湖汊、谷地及地势平坦的开阔地，土层深厚，土壤疏松，结构良好；⑤水稻土，分布在市域各乡镇。主要农作物有稻谷、小麦、红苕、玉米、黄豆等，经济作物有油菜、芝麻、花生、棉花、柑橘等。土壤 pH 值在 5.11~8.17 之间，阳离子交换量（CEC）范围为 6.37~40.19cmol/kg。水稻土有机质含量略高，而其他土壤的 B 层有机质含量在 1.4% 以下。

根据《大冶统计年鉴（2016）》数据，大冶市耕地面积为 522.1km²，园地面积 23.4km²，林地面积 473.1km²，设施农业用地面积 49.2km²。大冶市现有 1 个国有农场、2 个国有林场、2 个国有畜牧场和 1 个国有渔场（大冶市统计局，2016）。

根据《大冶市第三次全国农业普查主要数据公报》（大冶市农普办和大冶市统计局，2018），2016 年末，大冶市耕地面积 753 750 亩，实际经营的林地面积（不含未纳入生态林补偿面积的生态林防护林）476 204 亩。2016 年末，全市灌溉耕地面积 628 229 亩，其中有喷灌、滴灌、渗灌设施的耕地面积 43 197 亩；灌溉用水主要水源中，使用地下水的户和农业生产单位占 0.4%，使用地表水的户和农业生产单位占 99.6%。可以看出，地表水是大冶市最主要的灌溉水源。

五、水文条件

大冶市水域面积 146.7km²，多年水资源总量 12.17 亿 m³，地下水多年平均值 2.32 亿 m³。境内有集水流域长 10km 以上的河流 30 条，总长 368km，主要河港有大冶湖主港、栖儒港、小箕铺港、南峰港、高河港。境内主要湖泊有大冶湖、保安湖和三山湖。有中小型水库 114 座，其中毛铺、杨桥、九桥 3 座为中型水库，小（一）型水库 24 座，小（二）型水库 87 座，总库容量 1.54 亿 m³，有效灌溉面积约 34.76 万亩。

大冶湖位于湖北省南部，西邻大冶镇，东接长江。全湖由大冶湖主湖及其子湖三里七湖、尹家湖、五湖等组成，湖泊面积 63.4km²，是湖北省第七大湖泊。大冶湖湖形狭长，呈东西向延伸。湖长约 30km，湖泊最大宽度为 5.3km，平均宽度为 2.1km，湖岸线长度为 139.8km。湖底东西高，中间低，呈船底形，属河谷沉溺湖。大冶湖集水面积为 1106km²，各级入湖河流 40 条，其中长度超过 20km 的有 3 条。湖水主要靠天然降雨和地表径流补给更新。入湖河水经湖泊调蓄后，通过四顾闸与长江相通，每年注入长江的水量达 8 亿～9 亿。水源主要来自降雨，旱年引江灌湖，每年 5～9 月为汛期（李兆华和张亚东，2010）。

大冶湖水域地势总体上南高北低，最高超过 800m，最低为 50m。大冶湖湖底高程约为 13.1m，湖体自西向东微倾，平均坡度 2.08‰，由漳源口向东流入长江。大港是大冶湖最大的入湖河流，发源于大冶市灵乡镇红峰水库，河长 34.5km，集水面积 571km²；牛皮港是第二大入湖河流，发源于大冶市殷祖镇李家村，河长约 22.9km，集水面积约 151km²；栖儒桥港是第三大入湖河流，发源于大冶市殷祖镇大屋桥村，河长约 20.6km，集水面积约 104km²。

第二节　社会经济概况

《大冶市 2017 年国民经济和社会发展统计公报》显示，2017 年年末，大冶市全市（含黄金山托管区域）户籍人口 98.46 万人（其中常住人口 91.07 万人），全年全市（含黄金山托管区域）出生 1.64 万人，出生率 16.71‰；死亡 0.94 万人，死亡率 9.60‰；人口自然增长率为 7.11‰。大冶市全市整体经济发展在省内处于较高水平，以采矿及与矿业密切相关的加工工业为主，农业生产为辅。地区富含金、银、铜、铁等金属矿藏，以及煤炭、石膏等非金属矿藏。铜矿产量占全国总产量的 1/3。1949 年以来，大冶市辖区企业（包括中央、省属驻大冶企业）累计向国家提供铁矿石 1.74 多亿吨、铜矿石 1.32 多亿吨、煤炭 3085 多万吨，贡献利税约 130 多亿元，为国家建设做出了重大贡献。2016 年，大冶市被评为中国最具投资潜力的百强县（市）。2017 全国综合实力百强县市中，大冶市位列第 88 名（大冶市统计局，2018）。2018 全国综合实力百强县市中，大冶市升至第 86 名（中国中小城市科学发展指数研究课题组等，2018）。

2017 年，大冶市全市（含黄金山托管区域）实现地区生产总值 590.94 亿元，按可比价格计算，比上年增长 8.6%。其中，第一产业完成增加值 54.42 亿元，比上年增长 2.1%；第二产业完成增加值 393.32 亿元，比上年增长 10.1%；第三产业完成增加值 143.19 亿元，比上年增长 7.0%。第一产业增加值占全市生产总值的比重为 9.2%，第二产业增加值比重为 66.6%，比上年提高 1.0 百分点，第三产业增加值比重为 24.2%（大冶市统计局，2018）。

根据《大冶市 2017 年国民经济和社会发展统计公报》（大冶市统计局，2018），2017 年全年全市（含黄金山托管区域）粮食播种面积 573.6km²，比上年减少 3.4km²。其中，小麦播种面积 73.7km²，增加 1.2km²；稻谷播种面积 367.9km²，减少 6.0km²；玉米播种面积 42.1km²，增加 0.6km²。全年全市经济作物播种面积 389.2km²，比上年增加 11.6km²。其中，棉花播种面积 20.7km²，增加 9.0km²；油料播种面积 214.7km²，减少 0.2km²；蔬菜及食用菌面积 127.4km²，减少 0.1km²。

2017 年全年全市规模以上工业增加值比上年增长 6.5%。分经济类型看，国有控股企业增长 9.0%，集体企业下降 16.4%，股份制企业增长 3.9%，外商及港澳台商投资企业增长 7.2%，私有企业增长 5.5%。分门类看，采矿业下降 15.8%，制造业增长 8.2%，电力、热力、燃气及水生产和供应业增长 27.3%。全年全市规模以上工业中，黑色金属矿采选业增加值比上年下降 30.5%，占规模以上工业增加值的比重为 9.2%；有色金属矿采选业增长 8.0%，占比 5.1%；非金属矿采选业下降 1.3%，占比 3.7%；酒、饮料和精制茶制造业增长 16.5%，占比 13.5%；纺织服装、服饰业增长 9.8%，占比 3.5%；非金属矿物制品业增长 9.8%，占比 11.0%；黑色金属冶炼和压延加工业下降 4.9%，占比 12.7%；有色金属冶炼和压延加工业增长 6.7%，占比 9.8%；金属制品业增长 14.6%，占比 4.6%；专用设备制造业增长 14.9%，占比 7.3%；通用设备制造业增长 20.5%，占比 3.2%。

2017 年全年全市规模以上工业中，高新技术产业增加值比上年增长 11.3%，占规模以上工业增加值的比重为 30.4%。装备制造业增加值比上年增长 16.3%，占规模以上工业增加值的比重为 18.9%。六大高耗能行业增加值比上年增长 3.1%，占规模以上工业增加值的比重为 34.7%。采矿业所占比例持续下降，而高新技术产业和装备制造业所占比例持续增长。采矿业中铁矿石原矿量为 676.22 万 t，比上年下降了 30.1%，铜精矿（以含铜量计）为 1.60 万 t，比上年下降了 12.7%。这主要是由于近几年，全市加大生态环境建设，采矿业（尤其是黑色金属矿采选业）等传统行业工业产值比重和产量持续下降。

在社会经济发展的同时，财政收入较快增长，金融运行总体平稳。2017 年全年全市财政总收入 69.07 亿元，比上年增长 7.4%。其中，税收收入 53.82 亿元，增长 8.7%。从主要税种看，增值税 22.25 亿元，增长 32.0%；营业税 0.12 亿元，下降 96.0%；企业所得税 15.56 亿元，增长 4.6%。全年全市地方一般公共预算收入 43.74 亿元，比上年增长 5.4%。其中，税收收入 28.48 亿元，增长 6.1%。全年全市地方一般公共预算支出 70.48 亿元，比上年增长 2.9%。其中，民生支出 55.34 亿元，增长 4.7%。年末全市金融机构人民币各项存款余额 427.35 亿元，比上年年末增长 4.3%。其中，住户存款 241.21 亿元，增长 11.8%；非金融企业存款 113.78 亿元，下降 9.0%；广义政府存款 72.31 亿元，增长 5.3%。年末全市金融机构人民币各项贷款余额 317.46 亿元，比上年年末增长 11.3%。其中，住户贷款 91.36 亿元，增长 22.7%；非金融企业及机关团体贷款 226.08 亿元，增长 7.3%。

2017 年年末全市城镇常住人口 47.4 万人，城镇化率 56.77%。年末建成区绿地面积 823hm²，绿化覆盖面积 945hm²，公园绿地面积 296hm²，绿化覆盖率 38.88%。全年全市生活垃圾无害化处理率达 100%，饮用水源地水质达标率 98%，城市污水处理率 94.5%。年末全市拥有公交车线路 23 条，273 辆公共汽车营运，出租汽车运营 585 辆，境内火车站 2 个。城乡居民收入稳定增长。全年全市全体居民人均可支配收入 27 629 元，比上年增长 8.4%。其中，城镇常住居民人均可支配收入 36 192 元，增长 8.6%；农村常住居民人均可支配收入 18 346 元，增长 8.0%（大冶市统计局，2018）。

第三节 矿产资源概况

一、种类与分布

大冶市以底蕴深厚的青铜文化和得天独厚的矿产资源而被人熟知，它地处湖北"冶金走廊"腹地及武汉城市经济圈内，是武汉城市圈冶金建材走廊的重要支点，是著名的青铜文化发源地、矿藏荟萃之乡。唐天祐二年（公元 905 年），杨吴在武昌郡永兴县建置青山场院，进行大规模的采矿冶炼，宋乾德五年（公元 967 年），南唐升青山场院，并划武昌（今鄂州市）三乡与之合并建县，取"大兴炉冶"之意，定名大冶县。

大冶铜绿山古矿遗址位于大冶市金湖街道，发掘出自西周（公元前 11～前 8 世纪）至西汉（公元前 3 世纪～公元 1 世纪）的采矿井、巷三百六十多条，古代冶铜炉 7 座。此遗址是迄今为止中国采掘时间最早、冶炼水平最高、规模最大、保存最完整的一处古铜矿遗址。同时大冶矿区也是中国开采最早的矿区之一，主要包括铁山、金山店、成潮、灵乡等矿山，储量比较丰富。大冶市既是有着三千多年冶炼史的青铜故里，又是我国近代工业的摇篮。1949 年以后，我国在大冶境内兴办了二十多家大中型厂矿企业，采掘金、铜、铁矿石等矿产资源。改革开放以来，特别是 1994 年撤县建市后的二十几年，依靠丰富的矿产资源，大冶实现了跨越式发展。

大冶是典型的资源型城市，市域内已发现矿产 65 种，已探明资源储量的有 42 种，大小矿床 273 处（已发现和探明大小矿床 273 处，其中大中型矿床 30 处），金属矿、非金属矿 53 种，是全国 11 个重点铁矿石生产基地、六大铜矿生产基地和重点煤炭生产县（市）之一，铜矿产量占中国总产量的六分之一。1949 年以来，特别是"一五""二五"时期，国家和地方在大冶投资兴建了一大批矿山企业。目前大冶地区拥有规模以上冶金工业企业 50 家，占全市规模企业总数的 48%。大冶有色金属公司是其中最具代表性的国营企业，始建于 1953 年，是国内四大铜原料基地之一。经过六十多年的建设和发展，现已形成以采矿、选矿、冶炼等以铜业为主、多种经营配套发展的特大型企业。

资料显示，大冶市共有各类矿山 183 座，其中部省级发证的有 70 个、市级发证的有 40 个、县级发证的有 73 个（方雪娟，2013）。大冶市有能源矿产 1 种、金属矿产 12 种、非金属矿产 29 种。能源矿产主要是煤；金属矿产以铜、铁和金为主。非金属矿产点多面广，储量丰富，主要有石灰石、硅灰石、方解石、白云石、石膏、陶瓷土和水泥用灰岩等。

大冶市是全国十大铁矿生产县（市）之一，名列全国六大铜矿石生产基地，跻身全国重点煤矿生产县（市）之列，硅灰石储量居世界第二。大冶市的铁矿区，大体上可分为金山店、灵乡、陈贵等铁矿区；大冶市的铜矿区，大体上可分为铜绿山、龙角山、铜山口等铜矿区；煤矿主要分布在还地桥、保安等煤矿区；石灰石矿主要分布在还地桥、金山店、金湖、陈贵、灵乡等地；硅灰石主要分布在大箕铺等地。已探明储量的、较大的非金属矿还有方解石和膨润土，其中方解石矿主要分布在殷祖、刘仁八等地，膨润土矿分布在灵乡、陈贵、保安等地。大冶市矿产资源的主要特点是品种多、品位高、储量大。大冶有色金属集团控股有限公司和中国宝武武钢集团有限公司等国家重点冶金企业的主要矿山均在大冶境内或周边区域。

二、现状与发展趋势

从矿产储量看，铁矿、铜矿、煤矿等主要矿产资源保有储量占累计探明储量的比重分别为 28.6%、27.4% 和 25.6%。从开采年限看，一般铁矿开采年限仅有 5～10 年，铜矿平均开采年限仅为 3～5 年，大部分煤矿开采年限只有 3～5 年。从开采企业和井口看，铁矿开采井口由 20 世纪 80 年代鼎盛时期的 64 口下降到 34 口，铜矿开采企业由鼎盛时期的 21 口下降到 15 口，煤矿开采井口由鼎盛时期的 55 口下降到 13 口。原驻大冶的国有大中型矿山共有二十多家，现除有色铜绿山矿、有色井巷公司、武钢金山店铁矿、武钢灵乡铁矿和国家黄金公司三鑫股份公司等 5 家外，其余十几家矿山企业都已改制或关停。从开采量看，截至 2008 年底，铁矿、铜矿、煤矿的开采量分别比鼎盛时期下降 63.2%、44.2% 和 86.4%。从大冶市重点行业看，2006～2010 年，大冶市采掘业占工业增加值的比重从 51% 下降到 32.5%，下降了 18.5 百分点（李福安等，2016）。《大冶统计年鉴（2016年）》显示，2015 年大冶市规模以上工业十个支柱行业中，黑色金属矿采选业和有色金属矿采选业的产值比上年分别下降 20.8% 和 17.8%（大冶市统计局，2016）。

由此可见，大冶是一座因矿而名、因矿而兴的城市，在多年高强度的开采下，矿产资源开发已进入后期阶段。2008 年，大冶市被确定为国家首批资源枯竭型城市，伴随的矿区重金属污染状况也较为严重，特别是在矿山开采和冶炼过程中，产生的酸性矿山废水和尾矿渣在受到雨水淋溶后，可能导致大量的重金属流失，这也是矿山及周边区域重金属污染的主要来源（李小刚等，2017），重金属污染问题已成为限制当地社会经济发展的一个核心问题。

主要参考文献

大冶市农普办和大冶市统计局，2018. 大冶市第三次全国农业普查主要数据公报[R/OL].（2018-06-05）[2018-10-07]. http://www.hbdaye.gov.cn/zwgk/xxgkzl/xxgkml/tjsj/201806/t20180605_502968.shtml.

大冶市统计局，2016. 大冶统计年鉴（2016）[M]. 黄石：黄石市缘泉印刷厂：16.

大冶市统计局，2018. 大冶市 2017 年国民经济和社会发展统计公报[R/OL].（2018-04-04）[2018-10-07]. http://www.hbdaye. gov.cn/zwgk/xxgkzl/xxgkml/tjsj/201804/t20180404_492343.shtml.

方雪娟，2013. 基于 RS 和 GIS 的大冶市金属尾矿库环境风险评价研究[D]. 武汉：中国地质大学.

李福安，肖亚男，2016. 乡镇经济发展与大冶市资源枯竭城市经济转型（一）——论乡镇经济发展对大冶市资源枯竭城市经济转型的积极作用[J]. 湖北师范学院学报，36（2）：88-94.

李小刚，占长林，王路，等，2017. 大冶铁矿尾矿库区土壤重金属垂直分布特征及污染评价[J].湖北理工学院学报，3（33）：38-33.

李兆华，张亚东，2010. 大冶湖水污染防治研究[M]. 北京：科学出版社：33，43.

魏克涛，李享洲，张晓兰，2007. 铜绿山铜铁矿床成矿特征及找矿前景[C]. 湖北省地质学会第九次会员代表大会暨学术年会论文专辑.

中国中小城市科学发展指数研究课题组，中小城市发展战略研究院，中城国研智库，2018. 2018 年中国中小城市科学发展指数研究成果发布（一）[N/OL]. 人民日报. （2018-10-08）[2018-11-23]. http://paper.people.com.cn/rmrb/html/2018-10/08/nbs.D110000renmrb_01.htm.

第三章　大冶市环境质量问题和影响

第一节　大冶市总体环境状况

《2016 年黄石市环境状况公报》显示，2016 年大冶市城区空气质量优良天数为 314 天，优良率为 85.8%。二氧化硫年均浓度为 20 μg/m³，比 2015 年下降 35.5%；二氧化氮年均浓度为 32 μg/m³，较 2015 年下降 5.9%；PM_{10} 年均浓度为 86 μg/m³，比 2015 年上升 7.5%；平均降尘量为 12.3t/（km²·月），比 2015 年上升 2.5%（黄石市环境保护局，2017）。

大冶湖水质呈轻度富营养化特征，II 类水质达标率为 85.7%，总磷（TP）、五日生化需氧量（BOD_5）、化学需氧量（COD）等三项指标超过 II 类水质标准，总体水质状况较 2015 年略有改善。保安湖水质呈轻度富营养化特征，II 类水质达标率为 85.7%，总磷、五日生化需氧量、化学需氧量等三项指标超过 II 类水质标准，总体水质状况较 2015 年略有改善（黄石市环境保护局，2017）。

大冶市城区区域环境噪声平均值为 48.7dB(A)，较 2015 年下降 0.1dB(A)，小于 55dB(A)区域面积的比例为 97.0%，质量等级为好。主要声源为生活噪声，占 61.3%；其次为交通噪声，占 7.7%；工业噪声、建筑施工噪声、其他噪声合计占 31.0%。大冶市城区道路昼间交通噪声平均值为 72.3dB(A)，较 2015 年上升 1.4dB(A)，超过 70dB(A) 的路段占总干线长度的 71.4%，质量等级为较差。大冶市城区降水 pH 值为 4.83～7.76，酸雨 pH 值为 4.83～5.55，酸雨率为 8.9%，较 2015 年下降 45.4%（黄石市环境保护局，2017）。

第二节　大冶市工矿业结构特征

大冶矿区是我国开采最早的矿区之一，储量丰富，主要的矿山包括铁山、金山店、成潮、灵乡等。大冶市是典型的矿冶型城市，主要的矿产资源包括铜、铁和金等。大冶市既是有着三千多年冶炼史的青铜故里，又是我国近代工业的摇篮。在矿石采选和冶炼过程中，重金属污染物会随着固体废弃物、废水和大气颗粒物的排放而进入周边区域，造成环境污染。

近年来，大冶市经济发展比较迅速。《大冶统计年鉴（2016 年）》显示（大冶市统计局，2016），2015 年大冶市实现地区生产总值 458.64 亿元（表 3-1），按可比价格计算比上年增长 6.7%（含黄金山开发区实现地区生产总值 509.98 亿元，比上年增长 6.3%）。其中，第二产业（包括采矿业、制造业、电力、燃气及水的生产和供应业、建筑业等）生产总值为 293.00 亿元，占三大产业生产总值的 63.9%，与 2014 年同期相比，降低了 2.1 百分点。

表 3-1　2015 年大冶市地区生产总值统计表

项目	生产总值/亿元	占总产值比例/%	同比增长率/%
第一产业	47.53	10.4	5.5
第二产业	293.00	63.9	5.7
第三产业	118.11	25.7	9.7
合计	458.64	100.0	6.7

注：以上数据来自《大冶统计年鉴（2016 年）》（大冶市统计局，2016）。

2015 年，大冶市全市销售收入在 2000 万以上的企业 323 家，实现规模以上工业总产值 859 亿元，比上年下降 5%，其中负增长企业主要集中在采掘业和高耗能行业，主要包括黑色金属矿采选业、有色金属矿采选业、金属制品业和黑色金属冶炼及压延加工业。其中，"涉重"企业（大中类行业）数量为 179 家，占规模以上企业数量的 52.8%，工业总产值为 543.71 亿元，占规模以上企业总产值的 63.6%（大冶市统计局，2016）。可以看出，矿石采选业和冶炼业是大冶市的主要行业，为大冶市经济做出了一定贡献。

第三节　矿石采选和冶炼现状

大冶市的铜矿主要位于铜绿山、铜山口、龙角山等矿区。其中铜绿山矿隶属于大冶有色金属集团控股有限公司，位于大冶市金湖街办，该矿为大型夕卡岩铜铁矿床，经过多年的开采，铜绿山矿现场已形成一个巨大的矿坑，航拍图和现场踏勘图分别如图 3-1 和图 3-2 所示。

铜山口矿位于大冶市陈贵镇，也隶属于大冶有色金属集团控股有限公司，属于我国典型的露天开采的中型铜矿，该矿床为夕卡岩斑岩复合型矿床。铜山口矿选矿厂于 1984 年正式建成，设计规模为日处理矿石 3000t，实际为 2200t。矿区北起李家湾，南至岩山庙，长、宽各约 1800m，面积约 3km²。经过几十年的开采，铜山口矿现场也形成了一个巨大的矿坑（图 3-3）。

航拍时间：2017年2月27日
航拍机型：Sengefly ERee
地理坐标系：WGS-84

图 3-1 铜绿山矿坑航拍图

图 3-2 铜绿山矿坑现场踏勘图

图 3-3 铜山口矿坑现场踏勘图

多年的矿产开采和冶炼对大冶市环境造成了一定的影响，尤其是矿冶区的重金属污染问题。在矿山开采过程中，形成一定面积的尾矿库和排土场等工矿废弃地。资料显示，大冶市各类工矿废弃地总面积约 10 万亩，占全市土地总面积的 2.98%，涉及 7 个乡镇 1294 个地块，其中已有约 4 万亩 205 个地块列入复垦试点规划，涉及集体所有土地约 3.6 万亩，国有土地约 0.4 万亩（周雨婷，2015）。

资料显示，大冶市历史遗留大小尾矿库约 300 座，其中 10 万 m^3 以上的有 35 座（肖琼，2009）。2018 年 5 月，笔者对大冶市部分尾矿库进行了现场踏勘，踏勘图如图 3-4 所示。一些尾矿库在闭库后，植被生长较好，有的区域已种植花生等农作物，而有的尾矿库表面裸露，尾砂经雨水冲刷后进入周边河流和农田。有的尾矿库紧邻村庄，而且没有筑坝，对村民的人身安全和财产安全造成极大的威胁。因此，亟须对这类高风险尾矿库采取风险管控措施，降低其环境风险。

图 3-4　大冶市部分尾矿库现场踏勘图

"五小企业"是指浪费资源、技术落后、质量低劣、污染严重的小煤矿、小炼油、小水泥、小玻璃、小火电等企业。由于其工艺落后、无污染防治措施，容易对周边环境造成严重污染。目前，大冶市的"五小企业"已全部关停。现场踏勘时发现，部分"五小企业"的废弃厂区仍堆积有尾砂、矿石等物料（图 3-5）。在降水和风力作用下，很可能会对周边水体、土壤和农产品等造成污染。某些已关停的"五小企业"位于居民区附近，既影响当地环境，也给居民正常生活带来不利影响。笔者建议生态环境等相关部门根据各个废弃厂区的现状，对遗留的物料进行苫盖或清运，并对影响较大的地块进行调查和风险评估，采取相应的修复治理或风险管控措施。与"五小企业"相比，正规的大型采选厂和冶炼厂则配备有废水和废气处理设施，产生的固体废弃物也进行妥善处理，对周边环境的影响相对较小。

图 3-5　大冶市部分"五小企业"遗留废弃地块现场踏勘图

第四节　区域重金属问题及其影响

一、重金属污染源

大冶市环境中的重金属污染物主要来自有色金属矿采选、冶炼和铝型材行业。在有色金属矿采选过程中，选矿方式的不同，会对周围环境造成不同程度的重金属污染。废渣的简易堆浸造成区域污染，含重金属废水会随着雨水进入河流，通过灌溉，最终进入农田，造成河流和农田的污染。另外，部分尾矿库无防渗措施，尾砂中所含的药剂和重金属可能会造成地下水污染。除了废渣以外，有色金属冶炼过程产生的烟尘和废水也会对环境造成一定的危害。有色金属冶炼是土壤重金属污染的重要来源，其中大气沉降是主要的污染途径之一。近年来，大冶市铝型材行业高速发展。铝型材企业生产过程中，除了产生大量的废水以外，还会产生大量成分复杂的工业污泥，其中含有铜（Cu）、铅（Pb）、锌（Zn）、镍（Ni）、镉（Cd）及铬（Cr）等重金属污染物。目前，部分铝型材厂排放的工业污泥仍只是进行简单的堆放处置，不仅占用大量的土地，且对周边环境造成潜在危害。另外，农业、畜牧业和居民生活也会产生大量的固体废物和生活垃圾，成为重要的污染源。通过分类分析可知，这四种来源中，最主要的重金属污染源是工矿业，尤其是有色重金属的采选、冶炼及压延加工业等。

1. 工矿企业"三废"排放

大冶市矿产资源丰富，是我国中部地区重要的原材料工业基地。市境内矿产具有品种全、配套程度高、主要矿产相对集中、交通方便、易采易选和矿产可综合开发利用等特点。多年来，金属矿产开采和冶炼等传统产业的产值占到全市产值的绝大部分。同时，"涉重"行业发展迅速，在生产过程中产生大量的废水、废气和固体废弃物，对当地环境和人体健康造成一定威胁。

2. 工矿废弃地

2010年，大冶市的铁矿、铜矿、煤矿开采企业由鼎盛时期的140家下降到62家，原驻大冶的国有大中型矿山由二十多家下降到5家。矿石采选后会产生大量的尾砂，堆积形成尾矿库。仅陈贵镇被尾矿砂压占和影响的农田多达上千亩，对当地农民的生活和生产造成影响。例如，许家垅尾矿库的尾矿砂占用大量农田，对灌溉用水塘的水质以及北侧几千亩农田的安全造成威胁。尾矿库和废弃地压占大量农田土壤，已成为影响当地生态环境、地下水安全和农田土壤安全的重要因素之一。该区域尾矿库存在的隐患和土壤重金属污染问题受到湖北省各级生态环境部门的重视。

3. 农业、畜牧业生产

在农业生产中，有机肥和部分品牌的化肥、农药中含有一定浓度的重金属，大量施用会导致土壤中镉（Cd）和砷（As）等重金属含量的持续增加。在一些地区，可能还存在污水灌溉和污泥农用的现象，都会造成土壤污染，对农牧产品质量安全和人体健康造成威胁。集约化、规模化养殖业的发展，有力推动了农业产业结构的调整，成为农业和农村经济的增长点和重要支柱产业。但是，由于某些污染防治措施的不到位，对周边环境造成污染，成为农村地区新的污染源。黄石市的畜禽养殖业比较发达，其中大冶市畜禽养殖规模较大区域主要分布在陈贵镇、金湖街道、灵乡镇和大箕铺镇等地（图3-6）。另外，水产养殖业也是造成大冶市局部地区地表水及地下水污染的主要来源之一，污染的来源主要包括鱼类粪便、饵料沉淀和为使水生植物生长而撒播的各种肥料等。

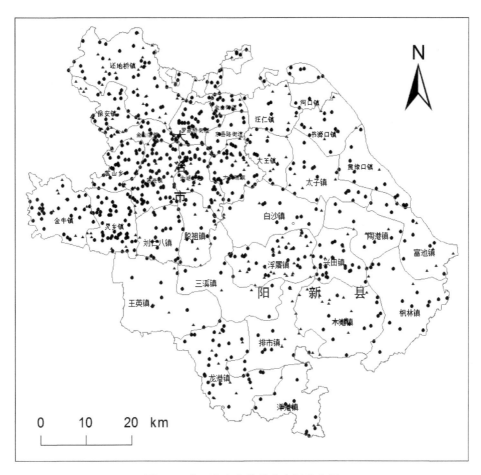

图 3-6 黄石市畜禽养殖业空间分布图

注：图中●和▲分别表示牲畜和家禽养殖。

4. 生活垃圾

一般来说，纸类、塑料、玻璃和厨房垃圾等生活垃圾中重金属的含量较低，对环境中重金属污染的贡献较小。而废电池、废旧电器、表面镀金属的器具、油漆、油墨、染料、废灯管、废温度计等生活垃圾中含有大量的重金属污染物，最常见的重金属污染物主要包括铜（Cu）、锌（Zn）、镉（Cd）、铬（Cr）、铅（Pb）和镍（Ni）等。含重金属生活垃圾的随意丢弃或不按规定处理会对环境造成严重污染。

二、重金属总体污染状况

1. 土壤

多年以来，有色金属矿采选和冶炼活动产生的废水、废气和废渣，对矿冶区土壤和水体等环境介质造成了不同程度的污染。据报道,大冶市受重金属污染面积占黄石市受污染总面积的 95%以上,大冶市耕地重金属污染面积达 25 万余亩,由于重金属元素随地表水渗透,一些村庄的人畜饮水安全也得不到保障,危及人们的生存环境(殷珂,2011;余桃晶和余圣能,2012)。目前,该地区已成为湖北及全国土壤重金属污染防治的重点区域。

笔者对大冶市的土壤样品进行采集、检测和分析,发现大冶市农用地土壤中重金属镉(Cd)、铬(Cr)、砷(As)、铅(Pb)和铜(Cu)的含量较高(表 3-2),其中镉(Cd)和铜(Cu)的分布范围较广,空间变异性大,局部区域含量较高。

表 3-2 大冶市土壤重金属含量调查统计表

元素	样品数量/个	最小值/(mg/kg)	最大值/(mg/kg)	平均值/(mg/kg)
镉(Cd)	108	0.0840	4.60	1.25
铜(Cu)	108	15.6	1.48×10^3	96.4
铅(Pb)	108	18.7	459	41.9
锌(Zn)	108	34.6	4.15×10^3	152
砷(As)	108	6.30	117	22.0
汞(Hg)	108	0.009	0.450	0.086
铬(Cr)	108	22.0	182	62.7
镍(Ni)	108	10.4	65.6	27.1

在大冶市采集的 108 个土壤样品中,91.7%的样品镉(Cd)含量超过《土壤环境质量标准》(GB 15618—1995,调查时国家法定标准)中规定的二级标准限值(0.3mg/kg),60.2%的样品镉(Cd)含量超过三级标准限值(1.0mg/kg),最大值达到了 4.6mg/kg。土壤中铜(Cu)的含量为 15.6~1480mg/kg,大部分区域土壤中铜(Cu)的含量超出了二级标准限值(100mg/kg),超标率为 43.5%。镉(Cd)和铜(Cu)含量较高的区域主要出现在罗桥街道、金湖街道、陈贵镇和还地桥镇等,而刘仁八镇、金牛镇和保安镇等区域土壤中镉(Cd)、铜(Cu)含量相对较低。大冶市土壤中砷(As)超标率为 14.7%(二级标准限值:25mg/kg),最大值为 117mg/kg,平均值为 22.0mg/kg,说明砷(As)的含量普遍较低,但局部地方含量较高。对于长期耕作的农业土壤来说,灌溉方式、土壤质地、地形等因素仅会形成较小尺度的空间分异,而引起大尺度空间分异的主导因素是高强度的工业活动。部分区域土壤中重金属含量较高,生产的农产品超标的风险较大,因此很有必要对当地土壤和农产品质量进行详细的调查和评价,从而采取相应的措施,保障农产品安全和人体健康。

长期的矿山开采、冶炼活动是造成大冶市局部区域农田土壤中镉(Cd)、铜(Cu)浓度较高、空间分异较大的主要原因。除了陈贵镇、金湖街道等局部区域土壤中存在小范围的高铅（Pb）含量以外，大部分区域铅（Pb）含量均低于土壤环境质量二级标准限值，接近于地区背景值，说明大冶市农田土壤中铅（Pb）的累积不明显。土壤中锌（Zn）的含量为 34.6～4150mg/kg，部分点位超过三级标准限值（500mg/kg）[①]，局部区域超过二级标准限值（250mg/kg），主要分布在金湖街道、陈贵镇和还地桥镇等区域，其他区域含量接近或略高于当地背景值。近年来，大冶市开展了一系列污染源整治工程和土壤修复治理工程，土壤环境质量在一定程度上得到了改善。

2. 大冶湖

2009 年大冶湖监测结果表明（李兆华等，2010），入湖河港严重污染，子湖重度污染，大湖上游污染严重，下游水质略好，但依然达不到水功能区划标准。根据《地表水环境质量标准》（GB 3838—2002）中规定的相关污染物的标准限值（表 3-3），三里七湖、罗桥东西两港水体为劣 V 类；石头嘴港上游、尹家湖口为 V 类；红旗渠、大箕铺港、外湖上游水体为 IV 类；外湖下游和排洪港为 III 类。在大冶湖 42 个监测点中，劣 V 类水质的监测点最多，占比为 36%，V 类水质的占比为 26%，IV 类水质的占比为 31%，III 类仅占 7%，没有 I 类、II 类水质。化学需氧量（COD）、氨氮（NH$_3$-N）、总氮（TN）和总磷（TP）等 9 个参数超标。其中，超标最严重的是总氮（TN），其超标率为 71.4%；其次是铜（Cu），超标率为 28.9%；镉（Cd）、氨氮（NH$_3$-N）、砷（As）、总磷（TP）、化学需氧量（COD）、铅（Pb）超标率为 9.5%～31.0%；挥发酚、硫化物和锌（Zn）均未超标。

表 3-3　地表水环境质量标准中规定的相关污染物的标准限值　　　单位：mg/L

污染物	标准限值				
	I 类	II 类	III 类	IV 类	V 类
化学需氧量（COD）	15	15	20	30	40
五日生化需氧量（BOD$_5$）	3	3	4	6	10
氨氮（NH$_3$-N）	0.15	0.5	1.0	1.5	2.0
总氮（TN）	0.2	0.5	1.0	1.5	2.0
总磷（TP）	0.02（湖、库 0.01）	0.1（湖、库 0.025）	0.2（湖、库 0.05）	0.3（湖、库 0.1）	0.4（湖、库 0.2）
铜（Cu）	0.01	1.0	1.0	1.0	1.0
镉（Cd）	0.001	0.005	0.005	0.005	0.01
砷（As）	0.05	0.05	0.05	0.1	0.1
铅（Pb）	0.01	0.01	0.05	0.05	0.1
锌（Zn）	0.05	1.0	1.0	2.0	2.0
六价铬（Cr^{6+}）	0.01	0.05	0.05	0.05	0.1

---

① 个别样品可能为农用地土壤中残留的尾矿砂或矿渣。

续表

污染物	标准限值				
	I 类	II 类	III 类	IV 类	V 类
硫化物	0.05	0.1	0.2	0.5	1.0
挥发酚	0.002	0.002	0.005	0.01	0.1

2008 年大冶湖水域（大冶市范围内）污染物入湖量为化学需氧量约 9900t，总氮约 2000t，总磷约 270t。根据水环境功能区划要求估算，大冶湖的环境容量（纳污量）分别为化学需氧量（COD）9600t/a，总氮（TN）约 770t/a，总磷（TP）约 40t/a。2008 年，大冶市流入大冶湖的化学需氧量（COD）、总磷（TP）、总氮（TN）已经分别超过环境容量的 2%、162%和 598%。2008 年，排入大冶湖的重金属有所降低，其中铜（Cu）约为 11.4t，铅（Pb）约为 0.86t，镉（Cd）约为 0.26t，砷（As）约为 1.65t，除铜（Cu）超过环境容量的 79%以外，其他污染物均控制在环境容量容许范围之内。大冶湖水域共有 343 家企业排放污水，其中重点源 115 家、一般源 228 家，每日污水排放量 3 万～5 万 t。其中排放砷（As）、铅（Pb）和镉（Cd）等重金属的主要企业有 11 家，占入湖量的 90%以上；排放铜（Cu）的主要企业有 19 家，占入湖量的 97%（李兆华等，2010）。

三、重金属污染的影响

土壤是环境的重要组成部分，位于自然环境的中心位置，是环境中污染物的主要归宿。当土壤中有害物质（如重金属）含量过多、超过其自净能力时，会引起土壤的组成结构和功能发生变化，微生物活动会受到抑制，有害物质及其分解产物在土壤中逐步积累，对土壤-植物系统产生毒害。土壤污染不仅严重影响土壤环境质量和土地生产力，而且还导致水体和大气环境质量下降，更严重的是将直接威胁食物安全、人体健康乃至生态安全。此外，土壤污染问题在一定程度上还影响着我国农产品对外贸易。

农用地土壤污染会影响农作物生长、食品安全和人体健康。重金属会在植物体内富集，例如随着表层土壤镉（Cd）污染的加重，水稻籽粒中的镉（Cd）含量逐渐提高，当表层土壤中镉（Cd）含量达到 5mg/kg 时，水稻籽粒中的镉（Cd）含量达到 0.26～0.34mg/kg，而表层土壤镉（Cd）达到 10mg/kg，籽粒中的镉（Cd）可高达 0.42～0.55mg/kg。此外，土壤中镉（Cd）含量过高会破坏植物叶片的叶绿素结构并最终导致植物衰亡；土壤中铜（Cu）、锌（Zn）含量超过一定限度时，作物根部会受到严重损害，使植物对水分和养分的吸收受到影响。

四、环境问题备受关注

1. 小型冶炼企业造成周边环境污染

据报道（邱刚，2011），陈贵镇江章凡冶炼厂属"涉重"企业，且未经任何部门审批，属私自生产行为，给当地居民的身体健康造成极大危害。2011年6月22日，陈贵镇党委、政府召开"涉重"企业整治紧急班子扩大会，决定强制拆除江章凡冶炼厂等违规"涉重"企业，并对境内的国发炼铜厂采取高压解火，强行停产整顿。2011年6月24日，陈贵镇江添受村江章凡冶炼厂全部拆除到位，这是大冶市专项整治重金属污染以来，取缔的首家"涉重"企业。

2. 陈贵镇烟雾污染

据报道（叶建鹏，2010a），2010年10月10日，大冶陈贵镇一家铸造公司突然腾起大量含有金属粉末的浓烟，经调查该公司烟尘排放没有达标，已经对李河村李太山湾60户村民的生活环境造成了明显影响。大冶市环境保护局立即采取措施，责令其停产整顿，监督该公司排查泄漏浓烟的原因，并协调给予附近受到影响的村民相应的经济赔偿。

3. 尹家湖一条港水污染

据报道（叶建鹏，2010b），2010年12月17日，大冶尹家湖一条港东岳街办伍桥村樟树下湾段，沉积大量白色粉末状的污染物质。大冶东岳街办伍桥村樟树下湾村民罗先生发现，流经该湾的尹家湖一条水港变得浑浊，水里沉积了大量白色、不明污染物质，水里没有一条活鱼。而在2010年8月，他在这条港里看到，水质比较清澈，一些鱼儿游来游去。记者赶到樟树下湾看到，水港平均宽3m，水里白色、不明污染物质的外表，像白色粉末，又像白色油漆。水港的上游——大棋路涵洞处，也沉积了白色、不明污染物质。记者抓起一把发现，该污染物成分比较细腻，不油腻，散发着淡淡的臭气。据伍桥村村民反映，水港里的白色、不明污染物质已出现了一段时间。尹家湖是大冶城市备用水源，其水质及相连水港水质一直备受市民关注。

4. 尾矿库溃坝事故

据报道（汤锋，2017），2017年3月12日凌晨2时20分，大冶铜绿山铜铁矿尾砂库西北角发生局部溃坝事故。事故造成1人遇难，1名人员被困（后成功获救），1人失联。经初步测算，溃口长度200m左右，尾砂淹没了下游部分鱼池。

5. 环境违法典型案例

据报道（黄石市环境保护局，2016），为震慑环境违法行为，遏制环境污染，黄石市环保局向社会公布了十起环境违法典型案例，部分案例如下。

1）大冶市狮子山铜矿利用暗管、溶洞偷排有毒废水严重污染环境刑事案件。简要案情：2016年2月28日，黄石市环境监察支队、大冶市环保局、黄石市公安局环境保护警察支队根据线索，联手对大冶市狮子山铜矿进行突击检查，发现该矿海绵铜生产线未采取任何污染防治设施违法生产，且涉嫌利用暗管、溶洞偷排有毒物质。经委托黄石环境监测站检测鉴定，该生产线排放废水中含有镉（Cd）、铬（Cr）、铜（Cu）等重金属，其中铜超标 3 倍以上。查办结果：2016 年 2 月 28 日，市环境监察支队根据《中华人民共和国环境保护法》第六十条规定，当场对该生产线下达了《责令改正违法行为决定书》，责令立即停止生产，立即停止违法排污。大冶市环保局根据《中华人民共和国水污染防治法》第七十四条规定，对狮子山铜矿超标排污行为做出行政处罚，罚款 12.4 万余元。由于该企业行为属于《最高人民法院 最高人民检察院关于办理环境污染刑事案件适用法律若干问题的解释》（法释〔2013〕15 号）第一条第（三）项和第一条第（四）项规定的行为，应当认定为"严重污染环境"的情形，2016 年 3 月 11 日，环保部门将该案移交公安机关。大冶市公安局环保警察大队迅速展开缜密侦查，在查清事实、固定证据的基础上，于 5 月下旬将柯某某等 3 名犯罪嫌疑人分别采取逮捕等刑事强制措施。

2）万和铝业排放有毒废水超标 3 倍严重污染环境刑事案件。简要案情：2015 年 5 月 16 日，黄石市环境监察支队与黄石市公安局环保警察支队联手对大冶市还地桥镇内的铝型材企业展开周末突击检查。查至大冶市万和铝业有限责任公司时，发现该公司氧化车间一非法排污口正在排放废水，废水未经过污水处理站直接排至外环境。经委托黄石环境监测站检测鉴定，该外排废水中重金属镍（Ni）的浓度超过国家排放标准 3 倍以上。查办结果：由于该企业行为属于《最高人民法院 最高人民检察院关于办理环境污染刑事案件适用法律若干问题的解释》（法释〔2013〕15 号）第一条第（三）项规定的行为，应当认定为"严重污染环境"的情形。2015 年 5 月 27 日，黄石市环保局将该案移送黄石市公安局，黄石市公安局环保警察支队迅速组织专班全力侦查，查清事实、固定证据，将该案移送审查起诉。2016 年 5 月，大冶市法院对该案宣判，对万和铝业判处罚金 10 万元；对直接责任人员王某某判处拘役 4 个月，并处罚金 2 万元；对主管人员陈某判处拘役 5 个月，并处罚金 2 万元。

3）大冶三家铝型材企业不正常运行大气污染防治设施相关责任人员被移送行政拘留案件。简要案情：2016 年 4 月 13 日晚，大冶市环保局环境监察大队对还地桥镇所有铝型材企业展开夜间突击检查，发现大冶市万和铝业有限责任公司、湖北省大冶市骏辉铝业有限责任公司、湖北卓群铝业有限公司 3 家企业熔铸车间熔铸炉正在熔铸作业，但大气污染防治设施除尘器风机的电动机未启动，熔铸炉产生的烟气未进入除尘设施处理直接排放。查办结果：大冶市环保局迅速对这 3 家企业立案调查，在分别责令 3 家企业立即停止违法行为，并处罚款 10 万元的基础上，依据《中华人民共和国环境保护法》第六十三条第（三）项规定，将该 3 起案件移送大冶市公安局处理。大冶市公安局在依法调查后，于 2016 年 6 月将 3 家企业的直接责任人田某某、陈某某、李某某分别处以行政拘留 5 日。

主要参考文献

方月梅，张晓玲，刘娟，等，2017. 大冶湖流域底泥重金属污染及生态风险评价[J]. 湖北理工学院学报，5（33）：17-24.

胡红青，杨少敏，王贻俊，等，2005. 大冶龙角山矿区几种植物的重金属吸收特征[J]. 生态环境，13（3）：310-311.

黄石市环境保护局（现黄石市生态环境局），2016. 黄石公布十起环境违法典型案例[N/OL]. 人民网-湖北频道.（2016-07-23）[2018-11-23]. http://hb.people.com.cn/n2/2016/0723/c194063-28716533.html.

黄石市环境保护局（现黄石市生态环境局），2017. 2016 年黄石市环境状况公报[R/OL].（2017-06-06）[2018-11-23]. http://hbj.huangshi.gov.cn/sjzx/hjzkgb/201706/t20170616_198499.html.

李兆华，赵丽娅，康群，等，2010. 湖北大冶湖水污染防治研究. 第十三届世界湖泊大会论文集[C]. 北京：中国农业大学出版社.

邱刚，殷珂，2011. 专项整治重金属污染 大冶取缔首家涉重企业[N/OL]. 东楚网（来源：黄石日报）.（2011-06-25）[2018-11-23]. http://www.hsdcw.com/HTML/2011-6-25/360850.HTM.

汤锋，2017. 大冶铜绿山矿尾矿库发生局部溃坝事故 省委书记蒋超良、省长王晓东作出批示 黄石市全力开展抢险救援[N/OL]. 湖北日报（荆楚网）.（2017-03-12）[2018-11-23]. http://news.cnhubei.com/xw/hb/hs/201703/t3798985.shtml.

肖琼，2009. 大冶摸清尾矿库"家底"——为利用尾矿资源治理地质环境提供了规划依据[N]. 黄石日报，2009-11-10（001）.

杨俊，马斯璐，李苇苇，2017. 大冶矿区食品重金属污染及其健康风险影响研究[J]. 环境科学与技术，40（12）：249-255.

叶建鹏，2010a. 大冶一村庄遇"黑尘"污染 环保部门介入调查[N/OL]. 人民网（来源：东楚晚报）.（2010-10-11）[2018-11-23]. http://env.people.com.cn/GB/12912512.html.

叶建鹏，2010b. 大冶尹家湖一条港发现大量 "白色粉末"[N/OL]. 东楚网黄石新闻网（来源：东楚晚报）.（2010-12-18）[2018-11-23]. http://www.hsdcw.com/html/2010-12-18/316415.htm.

殷珂，2011. 治"重"风暴 排山倒海[N/OL]. 东楚网（来源：黄石日报）.（2011-07-29）[2018-11-23]. http://www.hsdcw.com/html/2011-7-29/369063.htm.

余桃晶，余圣能，2012. 年度特别报道之环境责任：大冶出台问责管理办法"五小"整治不力关乎政绩[N/OL]. 新浪网（来源：中国环境报）.（2012-08-14）[2018-11-23]. http://gongyi.sina.com.cn/greenlife/2012-08-14/101636678.html.

张家泉，李秀，张全发，等，2015. 大冶湖滨岸带重金属水-土迁移特征与风险评价[J]. 环境科学，36（1）：194-201.

周国强，罗凡，淘涛，等，2016. 大冶湖流域重金属污染现状及风险评价[J]. 给水排水，42（S1）：109-112.

周雨婷，2015. 生态之美[N/OL]. 东楚网（来源：今日大冶）.（2015-09-07）[2018-11-23]. http://www.hsdcw.com/html/2015-9-7/735558.htm.

第四章 大冶市重金属污染调查与综合分析

第一节 矿业废弃地分布与环境风险

一、矿业废弃地的分布

采矿过程会形成工业废弃地和废弃采矿地等矿业废弃地。大冶矿区是中国开采最早的矿区之一。2012 年 3 月，国土资源部（现自然资源部）下发的《国土资源部关于开展工矿废弃地复垦利用试点工作的通知》（国土资发〔2012〕45 号），确定湖北省为开展工矿废弃地复垦利用试点省市之一。黄石市是湖北省唯一的复垦试点地区。黄石市现有工矿废弃地 2075 处，面积 21.06 万亩（吴凤娇和田城，2014），黄石市工矿废弃地分布示意图如图 4-1 所示。其中，大冶市的复垦总面积占黄石市复垦总面积的 54%。据统计，

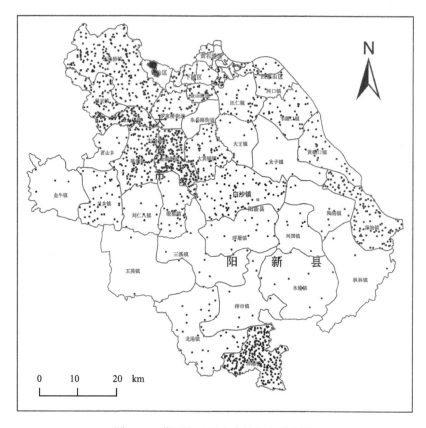

图 4-1　黄石市工矿废弃地分布示意图

大冶市域内因矿产资源开发遗留的挖损、压占、塌陷、污染和诱发地质灾害以及遭到严重影响的工矿废弃地共有约 10 万亩，占全市土地总面积的 2.98%，涉及 7 个乡镇或街道 1294 个地块（冯升，2014）。

在采矿和冶炼过程中，产生的尾矿堆积形成尾矿库。目前大冶市的尾矿库主要分布在还地桥镇、金山店镇和陈贵镇等地。其中尾矿中有益成分主要为铁（Fe）、铜（Cu）、金（Au）、硫（S）、钼（Mo）、钨（W）等，这些矿源绝大多数为共伴生矿。方雪娟等（2013）利用 World View-2 高分辨率遥感图像提取出大冶市陈贵镇的尾矿库信息，发现小型尾矿库 74 个，占地面积为 884.25 亩。

二、矿业废弃地的环境风险

矿业废弃地的存在会对周围环境造成不同程度的威胁。据报道（吴凤娇和田城，2014），黄石市正在使用和已废弃矿区至少造成 1.48 万亩农田受到破坏，粉尘污染严重，矿区降尘量月均值达 23.26t/km^2。据报道（汪宝坤等，2016），2008～2012 年，大冶市共发生金属非金属矿山企业安全生产事故 27 起，死亡 31 人。面对如此严峻的安全生产形势，大冶市委、市政府制定出台了多个文件，开展了相关行动，在行动过程中，"最难啃的骨头"是遍布全市的险、危尾矿库，这些尾矿库一旦出事，容易造成重特大事故。1994 年 7 月 12 日，位于金湖街道的龙角山尾矿库发生坝体垮塌事故，超过 100 万 m^3 的泥沙顺势而下，造成 28 人死亡。2017 年 3 月 12 日，大冶市铜绿山尾矿库西北角发生局部溃坝事故，造成 2 人死亡、1 人失踪、6 人受伤（郑昭炀等，2017）。据报道，截至 2015 年 11 月，大冶市累计关闭地下矿山 21 家、露天采石场 28 家、尾矿库 101 座。

1. 尾矿库

选矿厂排放的尾砂堆放形成尾矿库，不仅会占用大量土地，影响农作物和其他植被的生长，同时也会影响区域景观。按照规模，一般将尾矿库分为大型尾矿库和小型尾矿库，不同规模的尾矿库的环境风险有所差异。

一般来说，正规的大型尾矿库的防渗措施比较完善，对周围土壤和地下水造成污染的概率较小，但是也存在一定的溃坝风险。尾矿库一般都在农用地、居住用地、水源和道路等与人类生存息息相关的区域，溃坝会直接危害尾矿库周边和下游的村庄、农田、水源、道路和企业等。因此，尾矿库一旦发生溃坝事件，会对周围人群和环境造成极大的危害和污染。

小型尾矿库坝体松散、库容小、设施简陋，更容易发生溃坝和渗流现象，有时也会发生小型滑坡灾害；选矿废液一般也会堆存于尾矿库中，其中含有一定含量的重金属和有毒浮选药剂，尾矿砂中本身也会含有大量的重金属污染物，这些选矿废液和渗滤液会渗入周围土壤和水体，造成严重污染。

为了准确评估尾矿砂的环境风险，笔者随机抽取大冶市的两个尾矿库进行采样，对尾砂中的 pH 值和重金属含量进行了测定，测试结果见表 4-1。可以看出，尾砂中重金属含量较高。其中，两个尾砂样品中铜（Cu）的含量分别为 1460mg/kg 和 906mg/kg，砷（As）的含量分别为 30.1mg/kg 和 123mg/kg，铅（Pb）的含量分别为 36.6mg/kg 和 247mg/kg。不同区域的尾矿砂中重金属的种类和含量有所不同，对地下水和周边土壤具有潜在危害。尾矿砂呈偏碱性，在自然条件下或人为活动影响下，一旦发生酸化，会有大量的重金属进入周围土壤和水体，对环境造成严重污染。

表 4-1 尾矿砂中 pH 值和重金属含量

采样地点	pH 值	重金属含量/（mg/kg）						
		砷（As）	镉（Cd）	铬（Cr）	铜（Cu）	铅（Pb）	镍（Ni）	锌（Zn）
铜绿山某尾矿库	7.42	30.1	0.57	30.7	1460	36.6	14.8	549
还地桥某尾矿库	8.2	123	2.95	154	906	247	53.6	620

2. 其他矿业废弃地

除了尾矿库以外，其他矿业废弃地主要包括排土场、废石场、采矿区和塌陷地等。这些废弃地压占大量的土地资源，严重影响正常的农田种植和土地开发工作，给矿区群众生产、生活造成诸多不便。另外，这些区域土壤中含有较高含量的重金属和有机物等污染物，也会对周边农田土壤、农作物、地下水和生态安全造成潜在危害。

总之，这些矿业废弃地对周围环境的影响主要体现在以下几个方面：①景观和植被破坏，例如压占和破坏植被，造成地面塌陷、土地荒废和水土流失；②占用和破坏大量土地资源，影响土地正常使用；③重金属污染，有色重金属矿山废弃地一般都含有大量的重金属，会通过降雨、风扬等作用向周边区域（例如土壤或地下水）扩散，导致一系列重金属污染问题（杨胜香，2007）。

第二节　水体污染情况

一、大冶湖水体环境

大冶湖是黄石地区第一大湖泊，界跨大冶、阳新、西塞山区和黄金山新区，集防洪、灌溉、养殖、航运、工业取水、休闲旅游等多种功能于一体，在大冶市是非常重要的水体。大冶湖水面主要分为三个部分：三里七湖、内湖和外湖。资料显示，2000～2009 年，三里七湖和内湖水样中化学需氧量（COD）、五日生化需氧量（BOD$_5$）、氨氮（NH$_3$-N）和总磷（TP）的含量均超过了《地表水环境质量标准》（GB 3838—2002）中 III 类标准限值（鲁珍等，2012）。2009 年 4 月监测数据显示，大冶湖水体中铜（Cu）、铅（Pb）、镉（Cd）、锌（Zn）、六价铬和砷（As）的含量分别为 0.001～0.088mg/L、0.01～0.294mg/L、ND～

0.483mg/L（注：ND 为未检出）、0.05～0.749mg/L、0.004～0.713mg/L 和 0.007～0.202mg/L，超标率分别为 57.1%、11.9%、31.0%、0.0%、9.5% 和 21.1%（李兆华和张亚东，2010）。三里七湖水样中铬（Cr）的含量为 2.08～2.56mg/L，铅（Pb）的含量为 0.51～1.79mg/L，锌（Zn）的含量为 0.64～10.60mg/L，分别超过《地表水环境质量标准》（GB 3838—2002）中 V 类标准限值的 22.3 倍、9.0 倍和 1.4 倍（慕凯和罗明良，2017）。调查结果显示，大冶湖底泥中铅（Pb）、镉（Cd）、铜（Cu）、铬（Cr）和锌（Zn）的含量分别为 97.18～3717.30mg/L、1.13～769.70mg/L、0.94～2565.70mg/L、17.70～675.40mg/L 和 3.91～601.80mg/L，超标率分别为 13.79%、37.93%、17.24%、0.00% 和 0.00%[李兆华和张亚东，2010，注：当时评价标准为《农用污泥中污染物控制标准》（GB 4284—1984）]。

　　笔者对大冶湖的三里七湖和外湖的沉积物进行了调查（中国环境科学研究院，2012），并以《海洋沉积物质量》（GB 18668—2002）二级标准限值作为评价标准（因我国暂时没有关于河流和湖泊沉积物的标准），对沉积物中重金属含量进行评价。结果表明，三里七湖沉积物中，镉（Cd）、砷（As）、铜（Cu）、锌（Zn）、铅（Pb）和汞（Hg）存在不同程度的超标情况，平均含量分别超标 325 倍、20 倍、20 倍、12 倍、2 倍和 4 倍；外湖沉积物中，镉（Cd）、铅（Pb）和铜（Cu）存在超标情况，平均含量分别超标 11.1 倍、1.5 倍和 1.9 倍。

　　2009～2011 年，大冶市开展了大冶湖清淤工程，清除淤泥约 124 万 m³，大冶湖水质在一定程度上得到了改善。鄢昭等（2015）调查发现，大冶湖表层水中铜（Cu）、铅（Pb）、镉（Cd）、锌（Zn）、铬（Cr）和铁（Fe）的平均浓度分别为 0.0091mg/L、0.0134mg/L、0.0092mg/L、0.0434mg/L、0.0578mg/L 和 0.3382mg/L，其中铬（Cr）和铁（Fe）超过了《地表水环境质量标准》（GB 3838—2002）中规定的标准限值[铬（Cr）：0.05mg/L；铁（Fe）：0.3mg/L]，而铜（Cu）、铅（Pb）、镉（Cd）和锌（Zn）均未超标。张家泉等（2017a）发现大冶湖水体中苯并[a]芘存在超标现象。另外，他们也对大冶湖水体中的重金属进行了测定，结果表明，水体中镍（Ni）的含量为 25.3～82.1μg/L，镉（Cd）的含量为 0.8～4.6μg/L，铜（Cu）的含量为 4.4～24.1μg/L，铅（Pb）的含量为 25.3～82.1μg/L（张家泉等，2017b），其中镍（Ni）和铅（Pb）的含量超过了《地表水环境质量标准》（GB 3838—2002）中规定的 III 类标准限值[镍（Ni）：20μg/L；铅（Pb）：50μg/L]，而镉（Cd）和铜（Cu）未超标。张家泉等（2015）对大冶湖滨岸带表层土壤样品进行了分析，发现上、下层土壤中镉（Cd）均远超出土壤环境质量 III 级标准限值。通过对大冶湖流域的水体和底泥中重金属含量进行检测，发现大冶湖流域大部分断面重金属污染较轻，但部分支流存在重金属污染，主要重金属污染物为砷（As）和镉（Cd）。罗桥东西两港和三里七湖污染严重，主流三里七湖断面镉（Cd）、砷（As）超出地表水 V 类水质标准，流域重金属污染程度依次为镉（Cd）＞铜（Cu）＞铅（Pb）＞铬（Cr）＞锌（Zn）（方月梅等，2017）；底泥重金属污染严重，污染程度最大的是镉（Cd），其次是汞（Hg）和砷（As），底泥重金属潜在生态风险极强，是大冶湖流域重金属污染的重要来源（周国强等，2016）。

二、饮用水源水质情况

2011～2012 年，大冶市环境监测站分别对大冶市主要的饮用水源水质状况进行了调查，调查点位包括辖区 10 个乡镇、1 个城区街道办事处。调查数据显示，各饮用水源水井重金属含量差异较小，重金属浓度分别为铜（Cu）<0.04mg/L、铅（Pb）<0.001mg/L、锌（Zn）<0.05mg/L、铁（Fe）0.05～0.20mg/L、砷（As）<0.007mg/L、六价铬（Cr^{6+}）<0.004mg/L，镉（Cd）和汞（Hg）均未检出。根据《生活饮用水卫生标准》（GB 5749—2006）中对应标准限值、《地下水质量标准》（GB/T 14848—1993，GB/T 14848—2017）中 III 类标准限值和《生活饮用水水源水质标准》（CJ 3020—1993）中二级标准限值对饮用水中重金属浓度进行评价（表 4-2），可以看出，饮用水源水井重金属含量均未超标。

表 4-2　地下水（或饮用水）环境质量标准限值　　　　　　　　　单位：mg/L

标准	标准限值							
	铜（Cu）	铅（Pb）	锌（Zn）	镉（Cd）	铁（Fe）	汞（Hg）	砷（As）	六价铬（Cr^{6+}）
生活饮用水卫生标准	≤1.0	≤0.01	≤1.0	≤0.005	≤0.3	≤0.001	≤0.01	≤0.05
生活饮用水水源标准	≤1.0	≤0.07	≤1.0	≤0.01	≤0.5	≤0.001	≤0.05	≤0.05
地下水质量标准（1993）	≤1.0	≤0.05	≤1.0	≤0.01	≤0.3	≤0.001	≤0.05	≤0.05
地下水质量标准（2017）	≤1.0	≤0.01	≤1.0	≤0.005	≤0.3	≤0.001	≤0.01	≤0.05

注：其中《地下水质量标准》（GB/T 14848—1993）为调查时法定标准。

《大冶市第三次全国农业普查主要数据公报》显示（表 4-3），大冶市有 104 530 户的饮用水为经过净化处理的自来水，占 60.17%；59 625 户的饮用水为受保护的井水和泉水，占 34.32%；8408 户的饮用水为未受保护的井水和泉水，占 4.84%；44 户的饮用水为江河湖泊水，占 0.02%；16 户的饮用水为收集雨水，占 0.01%；952 户的饮用水为桶装水，占 0.55%；157 户饮用其他水源，占 0.09%（大冶市农普办和大冶市统计局，2018）。可以看出，大冶市主要的饮用水来源为自来水、井水和泉水，因此需要重点关注上述几种水源水体的水质情况，同时定期对江河湖泊水、雨水和桶装水等水源水质进行监测，如果水质不满足《生活饮用水卫生标准》（GB 5749—2006）中对应标准限值，则需要在饮用前进行水处理或更换成安全水源。

表 4-3　大冶市饮用水来源统计表

序号	饮用水来源	所占总饮用水来源比例/%
1	自来水（经净化处理）	60.17
2	井水和泉水（受保护的）	34.32
3	井水和泉水（不受保护的）	4.84
4	江河湖泊水	0.02
5	收集雨水	0.01
6	桶装水	0.55
7	其他	0.09
8	合计	100.00

　　而余冬元等（2012）对大冶市 12 个饮用水源地调查发现，金山店镇、罗桥街道、大箕铺镇和保安镇部分水源水质为 IV 类或 V 类，主要污染物为总大肠菌群和氨氮（NH$_3$-N）。这主要是由一些水源地周围存在着农业、养殖和生活污染源导致的，目前暂未发现有关于重金属污染的公开报道。

第三节　土壤污染与农产品质量

一、土壤重金属污染状况

　　土壤是"生命之基、万物之母"，是构成生态系统的基本环境要素，是人类赖以生存的物质基础，也是社会经济发展不可或缺的重要资源。我国耕地资源极其匮乏，用占世界约 7% 的耕地，养活了全世界约 22% 的人口，因此对于耕地的保护是非常重要的，责任十分重大。土壤环境保护事关广大人民群众"菜篮子""米袋子""水缸子"的安全，事关农产品质量和人体健康，事关耕地资源安全及可持续利用，事关经济社会发展和子孙后代生存安全，是重大的民生问题。土壤环境保护对推动产业结构调整和经济发展方式转变具有重要意义，也是国民经济发展和国家安全的一个重大战略问题。

　　近年来，我国局部地区土壤污染危害事件时有发生，酿成一些不安定、不和谐的突发事件，引起党中央、国务院的高度重视和人民群众的广泛关注。例如，广西壮族自治区南丹县多个企业将大量含重金属的尾砂和废水直排刁江，沿江大片农田受到了严重的砷（As）、铅（Pb）、镉（Cd）和锌（Zn）污染（宋书巧等，2003），对当地的饮用水和农产品安全构成严重威胁。2001 年 6 月，环江遭遇特大暴雨袭击，造成山洪暴发，大环江上游选矿企业的尾矿库被洪水冲垮，下游沿岸上万亩耕地受到砷（As）、铅（Pb）、锌（Zn）、镉（Cd）等重金属污染（孔晓梦等，2016）。

　　2011 年，笔者对大冶市全市农用地土壤进行了采样，检测指标主要包括镉（Cd）、铜（Cu）、砷（As）、铅（Pb）、汞（Hg）、锌（Zn）、铬（Cr）和镍（Ni）。为了解大冶市农用地土壤重金属总体分布水平，充分了解不同区域内土壤中重金属的种类和含量分布状况，利用反距离加权插值法得出各种重金属的浓度分布图。其中镉（Cd）、铜（Cu）、砷（As）、铅（Pb）、汞（Hg）、锌（Zn）、铬（Cr）和镍（Ni）的浓度分布图如图 4-2～图 4-9 所示。大冶市农用地土壤中镉（Cd）的浓度为 1.1～3.6mg/kg，平均浓度为 1.27mg/kg，95% 置信区间浓度值为 1.30～1.54mg/kg；土壤中铜（Cu）的浓度为 15.6～1480mg/kg，平均浓度为 105.6mg/kg，95% 置信区间浓度值为 62.1～149.1mg/kg；土壤中砷（As）的浓度为 8.8～117mg/kg，平均浓度为 23.9mg/kg；而土壤中铅（Pb）、锌（Zn）和汞（Hg）等其他重金属的含量相对较低。

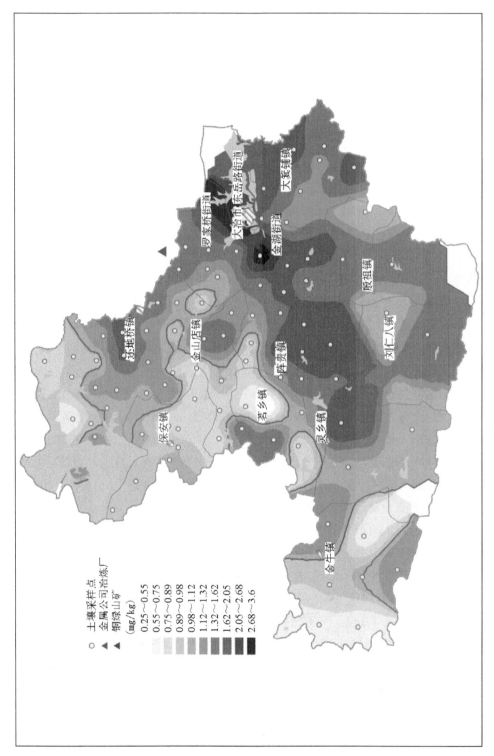

图 4-2　大冶市农用地土壤中镉（Cd）浓度分布图

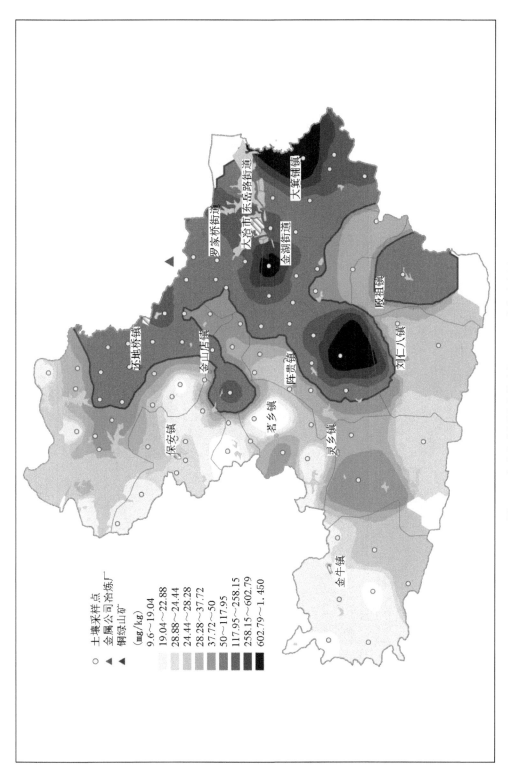

图 4-3 大冶市农用地土壤中铜（Cu）浓度分布图

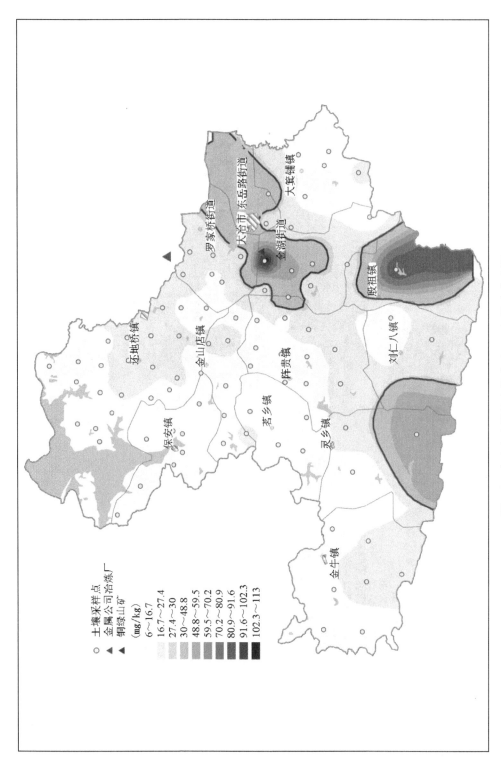

图 4-4 大冶市农用地土壤中砷（As）浓度分布图

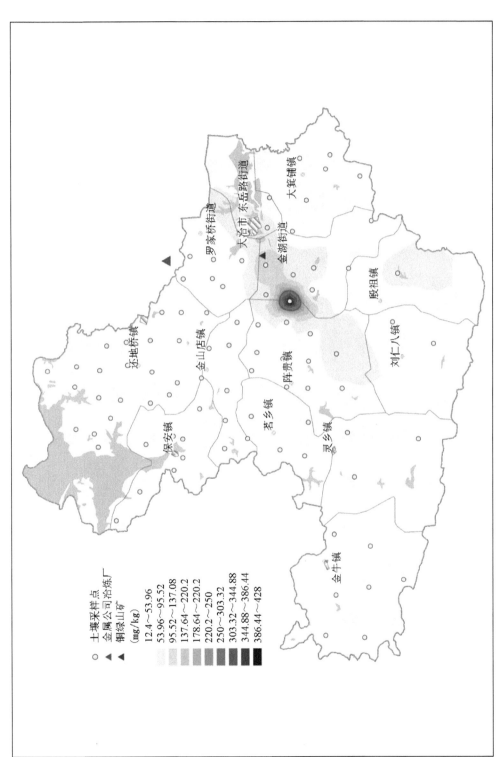

图 4-5　大冶市农用地土壤中铅（Pb）浓度分布图

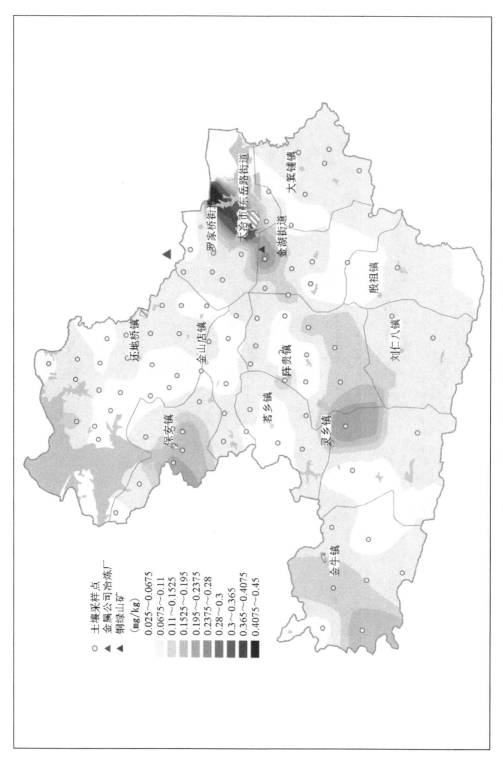

图 4-6　大冶市农用地土壤中汞（Hg）浓度分布图

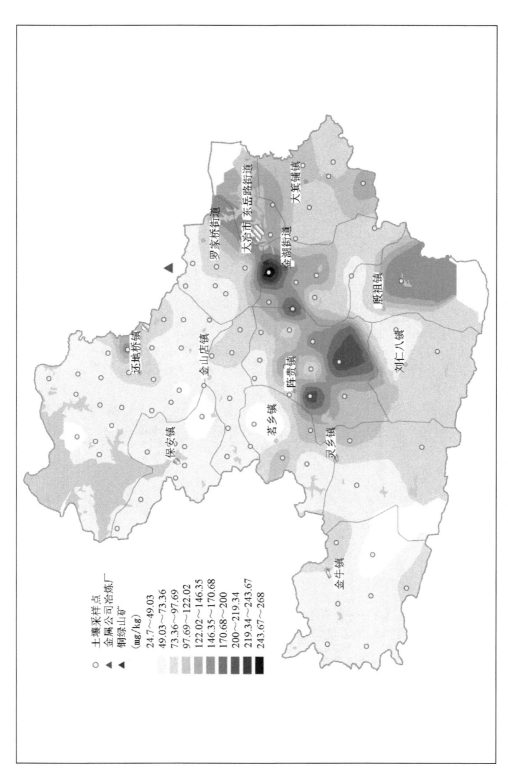

图 4-7 大冶市农用地土壤中锌（Zn）浓度分布图

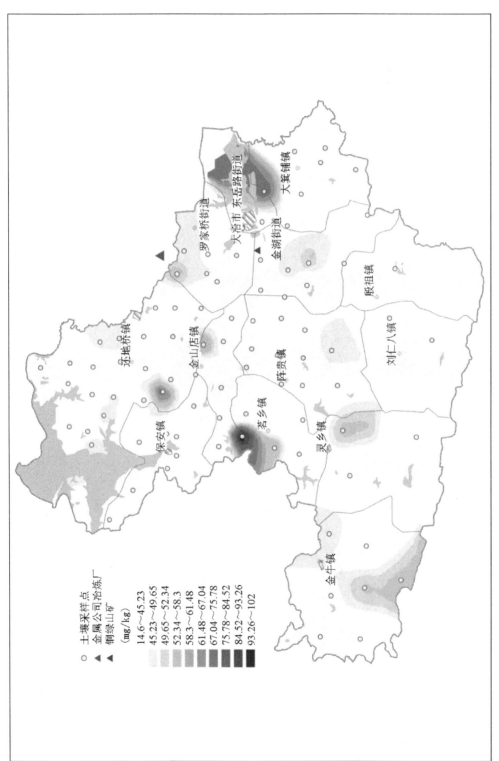

图 4-8　大冶市农用地土壤中铬（Cr）浓度分布图

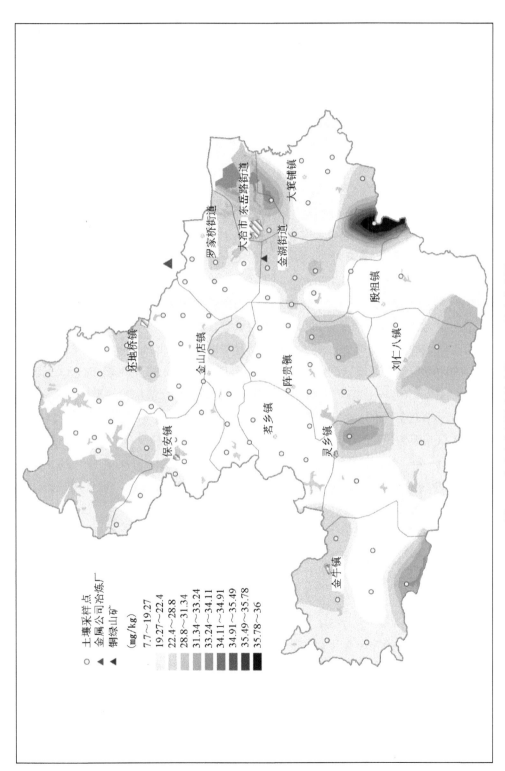

图 4-9 大冶市农用地土壤中镍（Ni）浓度分布图

其他学者也对大冶市及附近区域农用地土壤中重金属污染物的种类和含量进行了调查。陈华勇等（2003）发现大冶有色冶炼厂附近农田土壤中镉（Cd）的平均含量为51.1mg/kg，最高达到了99.5mg/kg，属于严重污染。李伟等（2006）发现大冶市罗桥街道农用地土壤中镉（Cd）的含量为29.5～47.5mg/kg，并指出污水灌溉和冶炼厂废气排放是土壤中镉（Cd）污染的主要来源。胡学玉等（2007）在大冶有色冶炼厂附近采集了20个农用地土壤样品，其中镉（Cd）的含量为2.59～16.93mg/kg，铜（Cu）的含量为85.39～5644.60mg/kg，砷（As）的含量为4.30～23.03mg/kg，铅（Pb）的含量为122.46～543.24mg/kg，锌（Zn）的含量为68.38～366.32mg/kg，铬（Cr）的含量为19.31～92.49mg/kg。

资料显示，大冶市龙角山地区农用地土壤中镉（Cd）的含量为1.14～4.04mg/kg，铜（Cu）的含量为32.12～408.63mg/kg，砷（As）的含量为2.65～13.76mg/kg，铅（Pb）的含量为15.77～54.67mg/kg，锌（Zn）的含量为70.14～146.64mg/kg，铬（Cr）的含量为7.49～43.47mg/kg（杨磊和丁树文，2009）。在大冶市非矿区采集的22个土壤样品中，镉（Cd）的含量为2.07mg/kg±0.37mg/kg，铜（Cu）的含量为40.98mg/kg±12.67mg/kg，铅（Pb）的含量为45.88mg/kg±11.99mg/kg，锌（Zn）的含量为73.25mg/kg±8.30mg/kg，镍（Ni）的含量为22.2mg/kg±9.96mg/kg（孙清斌等，2013）。

湖北理工学院的尹春芹博士采集了大冶湖周边28个农用地土壤样品，发现其中重金属含量存在超标现象。以镉（Cd）为例，其中最低含量为0.85mg/kg，远超《土壤环境质量标准》（GB 15618—1995，文章发表时国家法定标准）二级标准限值，即镉（Cd）的超标率达到了100%，而铜（Cu）的最大超标倍数达到了16.4倍（尹春芹等，2013）。大冶龙角山矿区某溪流段沿岸农用地土壤中镉（Cd）的含量为4.23～4.91mg/kg，铜（Cu）的含量为124.68～452.96mg/kg，铅（Pb）的含量为68.34～87.14mg/kg，锌（Zn）的含量为142.32～194.42mg/kg，铬（Cr）的含量为143.97～159.83mg/kg，镍（Ni）的含量为36.67～49.36mg/kg，（贾赵恒等，2017）。

总之，大冶市农用地土壤中镉（Cd）和铜（Cu）含量相对较高，部分区域铅（Pb）的含量超过了土壤标准中规定的含量限值，对农作物生长、农产品质量安全及人体健康存在较大风险。

二、农产品质量状况

矿冶活动是导致大冶市部分区域农用地土壤中镉（Cd）、铜（Cu）和铅（Pb）等重金属含量较高的主要原因，因此所生产的农产品的质量可能也会受到一定的影响。农作物在重金属重度污染土壤中生长时，会影响农作物正常生长，同时导致农作物减产和农产品中重金属污染物含量超过《食品安全国家标准 食品中污染物限量》（GB 2762—2017）中规定的含量限值，对人体健康和当地农户收入造成不利影响。

笔者调研了近年来关于大冶市农产品调查方面的相关文献，为了便于数据的统一汇总和评价，未采用调查时各个文献采用的多个不同标准，而是统一采用目前最新的国家法定标准《食品安全国家标准 食品中污染物限量》（GB 2762—2017）进行评价，具体如表4-4所示。通过统计结果可知，铜绿山和铜山口矿区种植的蔬菜中铅污染问题比较突出，超标率达到了100%，而在非矿区，超标率为30%（孙清斌等，2013）。蔡苇（2009）调查发现，大冶市生产的水稻中铅（Pb）和铜（Cu）的超标率分别为96%和20%，而镉（Cd）未发现超标现象。农产品中重金属含量超标情况与采样区的位置和农产品的种类密切相关。

表4-4　大冶市矿冶区生产的农产品中重金属含量统计结果

样品采集区域	农产品	样品量/个	镉/（mg/kg）		铅/（mg/kg）		砷/（mg/kg）		参考文献
			含量	标准值	含量	标准值	含量	标准值	
罗家桥	水稻	—	0.056～0.763	0.2	—		—		曹仁林等，1999
龙角山矿区	白菜薹	7	9.67	0.2	2.26	0.3	3.56	0.5	胡红青等，2004
	油菜	10	10.4	0.2	1.96	0.3	3.26	0.5	
	莴苣	5	9.61	0.1	6.25	0.1	3.22	0.5	
	小麦	5	7.05	0.1	2.01	0.2	2.85	0.5	
	豌豆	4	6.49	0.1	2.03	0.2	3.60	0.5	
大冶市	水稻	25	0.012±0.005	0.2	1.102±0.419	0.3	—	0.2	蔡苇，2009
铜绿山矿区	小白菜	8	0.19±0.06	0.2	0.95±0.16	0.3	—	0.5	孙清斌等，2013
	苣荬菜	6	0.20±0.04	0.2	0.96±0.10	0.3	—	0.5	
	生菜	5	0.18±0.06	0.2	0.57±0.17	0.3	—	0.5	
	莴笋	4	0.14±0.03	0.1	1.02±0.14	0.1	—	0.5	
铜山口矿区	小白菜	6	0.17±0.06	0.2	0.74±0.23	0.3	—	0.5	孙清斌等，2013
	生菜	4	0.18±0.09	0.2	0.49±0.13	0.3	—	0.5	
	莴笋	4	0.13±0.03	0.1	0.42±0.12	0.1	—	0.5	
	葱	5	0.19±0.06	0.1	0.55±0.23	0.1	—	0.5	
	豌豆苗	4	0.21±0.10	0.1	1.31±0.45	0.2	—	0.5	
	菠菜	4	0.15±0.07	0.05	0.70±0.30	0.3	—	0.5	
非矿区	小白菜	10	0.08±0.02	0.2	0.47±0.21	0.3	—	0.5	孙清斌等，2013
	莴笋	8	0.07±0.02	0.1	0.34±0.13	0.1	—	0.5	
	芹菜	6	0.02±0.02	0.2	0.47±0.16	0.3	—	0.5	
	韭菜	6	0.02±0.02	0.2	0.41±0.15	0.1	—	0.5	
	菜薹	5	0.06±0.01	0.2	0.28±0.18	0.3	—	0.5	
李德贤村	玉米	—	—		2.01	0.4	—	0.5	邹佳佳，2015
罗家桥街道	小白菜	9	0.213	0.2	0.409	0.3	0.199	0.5	杨俊等，2017
	紫菜薹	9	0.364	0.2	0.396	0.3	0.240	0.5	
	包菜	9	0.050	0.2	0.053	0.3	0.116	0.5	
	白菜薹	9	0.143	0.2	0.268	0.3	0.151	0.5	
	香菜	9	0.952	0.05	0.730	0.1	0.666	0.5	
	白萝卜	9	0.291	0.1	0.116	0.1	0.026	0.5	

续表

样品采集区域	农产品	样品量/个	镉/（mg/kg）		铅/（mg/kg）		砷/（mg/kg）		参考文献
			含量	标准值	含量	标准值	含量	标准值	
大冶有色冶炼厂附近*	芹菜	9	0.15	0.2	0.04	0.1	0.11	0.5	夏芳等，2017
	油麦菜	9	0.22	0.2	0.12	0.3	0.22	0.5	
	红菜薹	9	0.11	0.2	0.02	0.3	0.03	0.5	
	小白菜	9	0.31	0.2	0.05	0.3	0.07	0.5	
	包菜	9	0.32	0.2	0.02	0.3	0.07	0.5	
	萝卜	9	0.11	0.1	0.01	0.1	0.05	0.5	
	胡萝卜	9	0.16	0.1	0.02	0.1	0.02	0.5	
	红薯	9	0.14	0.1	0.04	0.2	0.02	0.5	

注："—"表示文献中未测定或未注明；水稻中重金属含量以糙米计，蔬菜中重金属含量以新鲜蔬菜计。

* 大冶有色冶炼厂附近调查（夏芳等，2017）中，未标注每种蔬菜的采样数量，只有总量，笔者根据总量估算出每种蔬菜的采样数量，蔬菜中重金属的含量根据文献中图片估计得出。

根据表 4-4 可知，大冶市农产品中重金属存在超标情况，其中超标区域主要集中在矿冶区。资料显示，当地食品和人体中也含有不同浓度的重金属。杨俊等（2017）通过选取污染严重的大冶有色金属股份有限公司周边区域为研究对象，对该区域农田土壤、生产的食品进行了采样分析，同时对研究区域居民进行了调查，发现研究区域农田土壤中铅（Pb）、镉（Cd）、砷（As）污染严重；研究区域内调查的食品中，肉蛋类均未超过国家标准规定的含量限值，而蔬菜类铅（Pb）和镉（Cd）超过含量限值；人群均面临一定的非致癌与致癌风险。

资料显示，对大冶市龙角山矿区生长的植物中重金属含量进行分析后，结果表明在供试农作物（小麦、油菜、莴苣、白菜薹、豌豆等）中，莴苣中重金属质量分数显著高于其他作物，其中以镉（Cd）的质量分数最高，而豌豆的重金属质量分数最低，其他作物重金属质量分数由高到低的顺序为油菜、腌菜、白菜薹、小麦。小麦中的重金属质量分数依次是镉（Cd）＞砷（As）＞铅（Pb）＞铜（Cu）＞铬（Cr），油菜中为镉（Cd）＞砷（As）＞铅（Pb）＞铬（Cr）＞铜（Cu），莴苣中为镉（Cd）＞铜（Cu）＞铅（Pb）＞砷（As）＞铬（Cr）。沿河流流向下游，作物中重金属含量变化规律与相应土壤中重金属累积量基本一致（胡红青等，2004）。

根据文献调研结果（表 4-4）可知，大冶市矿冶区生产的农产品中铅（Pb）的超标率比较高，其次是镉（Cd），部分样品中砷（As）存在超标现象。农产品超标情况与农用地土壤中的主要污染物[镉（Cd）和铜（Cu）]存在不一致现象，表明土壤并非矿冶区生产的农产品中重金属的唯一来源。为了确保矿冶区农产品安全和人体健康，笔者建议尽快开展土壤、农产品、大气沉降物、灌溉水和农药等方面的详细调查和评价工作，根据结果采取相应的安全利用措施。

第四节　大冶市重金属污染的成因分析与评价方法

一、重点污染区域的污染成因分析

1. 重点区域 I——罗家桥街道和金湖街道

现场调查时罗家桥街道和金湖街道人口为 25 万人。"涉重"重点企业共有 26 家，其中：有色金属矿采选业 16 家，有色金属冶炼企业 10 家，主要产生和排放铅（Pb）、镉（Cd）和铜（Cu）等重金属。由于该区域采选矿及冶炼历史悠久，导致周围土壤和水体中重金属含量较高。金湖街道平原大畈的污染主要来源于 20 世纪 50 年代以来建成的多个铜矿冶炼厂，由于资源枯竭，多个冶炼厂已陆续关停。

2. 重点区域 II——还地桥镇

还地桥镇是大冶市西北部政治、经济、文化、商贸、交通中心，调查时总人口为 10 万人。它是改革开放后受国务院首批表彰的企业产值过亿元的乡镇，荣获"全国重点镇""全国精神文明村镇先进单位"等称号。还地桥镇长久以来形成了以建材、煤炭、钙业、冶金、化工、橡胶、制造、农产品加工为主体的八大支柱产业，其中冶金、化工、制造等产业为重点"涉重"企业。还地桥镇是大冶市主要的农业基地之一，几十年来受周边金属冶炼厂冶炼活动的影响，土壤中重金属污染物含量较高。重金属污染综合防治"十二五"规划实施以来，周边金属冶炼厂得到有效控制，影响范围逐步缩小。

3. 重点区域 III——陈贵镇

陈贵镇位于大冶市中部，辖 19 个行政村、2 个社区，总人口为 6.5 万人，其中镇区人口为 2.1 万人，镇区建成区面积 2.68km^2。大冶市重点"涉重"企业 61 家中，位于陈贵镇为 21 家，占大冶市的 34.4%；陈贵镇"涉重"企业较多，铜冶炼产值高，环境排放量高。调查结果显示，土壤中重金属含量整体较高，其中铜（Cu）和镉（Cd）含量较高，而且分布区域相对集中。该区域在 20 世纪 50 年代就开始了铜矿开采和冶炼活动，矿业开采冶炼过程中产生大量的废水、废气、废渣，导致周边土壤出现不同程度的重金属污染。该区域曾经存在大量的"五小企业"，大部分"五小企业"属于"涉重"污染企业，其"三废"排放也是周边土壤污染的重要来源之一。2013 年"五小企业"整顿时，关停企业多达 22 家。

二、重金属污染调查和评价方法

1. 调查方法

对于污染地块的调查和风险评估，主要参考《建设用地土壤污染状况调查技术导则》（HJ 25.1—2019）、《建设用地土壤污染风险管控和修复监测技术导则》（HJ 25.2—2019）、《建设用地土壤污染风险评估技术导则》（HJ 25.3—2019）和《建设用地土壤修复技术导则》（HJ 25.4—2019）等标准规范，而农用地土壤的调查和风险评估方法与污染地块差异较大。在开展农用地土壤调查前，需要先收集国家公布的污染源统计数据和当地生态环境、自然资源、应急管理等部门的调查数据，同时查阅有关该区域内土壤、农产品、灌溉水、大气颗粒物、化肥和有机肥方面的文献资料，初步了解区域内污染物的种类和分布情况。

在农用地土壤调查过程中，土壤样品的采集主要参考《土壤环境监测技术规范》（HJ/T 166—2004）和《农田土壤环境质量监测技术规范》（NY/T 395—2012）。现场对研究区内的农用地初步调查，其中土壤和农产品进行协同采样，布点方式采用网格法，初步调查点位密度为400m×400m，同时也在调查区域内采集灌溉水样品。根据检测结果可了解调查区域内污染物的种类和空间分布情况，确定重点调查区域和关注污染物，再对重点调查区域进行加密调查（调查点位密度：200m×200m），其他程序与初步调查阶段类似。

农用地主要采集表层土壤样品，采集 5 个土壤样品进行混合；在采集土壤的位置，同时也采集农产品样品，也采集 5 个样品进行混合，并采集每个区域使用的灌溉水样品。

土壤样品分析检测指标包含有 pH 值、含水率、有机质、阳离子交换量和常见 8 种重金属元素全量[镉（Cd）、砷（As）、铅（Pb）、锌（Zn）、铜（Cu）、铬（Cr）、镍（Ni）、汞（Hg）]、六六六（六氯环己烷）、滴滴涕（DDT）；水体样品分析检测指标包括 pH 值、常见 8 种重金属元素全量[镉（Cd）、砷（As）、铅（Pb）、锌（Zn）、铜（Cu）、铬（Cr）、镍（Ni）、汞（Hg）]；农产品分析检测指标包括镉（Cd）、砷（As）、铅（Pb）、铬（Cr）、汞（Hg）。土壤、灌溉水和农产品样品中重金属等指标的检测方法见表4-5。为了评价实验室检测结果的准确性，采样过程中须同时采集5%～10%数量的质控样品。

表 4-5　土壤、灌溉水和农产品样品中重金属等测试指标的测试方法

样品类型	检测指标	检测方法
土壤	pH 值	《土壤检测 第 2 部分：土壤 pH 的测定》（NY/T 1121.2—2006）
	含水率	烘干法
	有机质	《土壤检测 第 6 部分：土壤有机质的测定》（NY/T 1121.6—2006）
	阳离子交换量	《土壤检测 第 5 部分：石灰性土壤阳离子交换量的测定》（NY/T 1121.5—2006）
	铜（Cu）、锌（Zn）	《土壤质量 铜、锌的测定 火焰原子吸收分光光度法》（GB/T 17138—1997）

续表

样品类型	检测指标	检测方法
土壤	铬（Cr）	《土壤和沉积物 铜、锌、铅、镍、铬的测定 火焰原子吸收分光光度法》（HJ 491—2019）
	镍（Ni）	《土壤质量 镍的测定 火焰原子吸收分光光度法》（GB/T 17139—1997）
	铅（Pb）、镉（Cd）	《土壤质量 铅、镉的测定 石墨炉原子吸收分光光度法》（GB/T 17141—1997）
	砷（As）	《土壤质量 总汞、总砷、总铅的测定 原子荧光法 第 2 部分：土壤中总砷的测定》（GB/T 22105.2—2008）
	汞（Hg）	《土壤质量 总汞、总砷、总铅的测定 原子荧光法 第 1 部分：土壤中总汞的测定》（GB/T 22105.1—2008）
	有机氯农药	《土壤和沉积物 有机氯农药的测定 气相色谱-质谱法》（HJ 835—2017）
	多环芳烃	《土壤和沉积物 多环芳烃的测定 气相色谱-质谱法》（HJ 805—2016）
灌溉水	pH 值	《水质 pH 值的测定 玻璃电极法》（GB 6920—1986）
	镉（Cd）、铬（Cr）、镍（Ni）、铅（Pb）、砷（As）、铜（Cu）、锌（Zn）	《水质 65 种元素的测定 电感耦合等离子体质谱法》（HJ 700—2014）
	汞（Hg）	《水质 汞、砷、硒、铋和锑的测定 原子荧光法》（HJ 694—2014）
农产品	镉（Cd）	《食品安全国家标准 食品中镉的测定》（GB 5009.15—2014）
	铬（Cr）	《食品安全国家标准 食品中铬的测定》（GB 5009.123—2014）
	铅（Pb）	《食品安全国家标准 食品中铅的测定》（GB 5009.12—2017）
	总汞（Hg）	《食品安全国家标准 食品中总汞及有机汞的测定》（GB 5009.17—2014）
	总砷（As）	《食品安全国家标准 食品中总砷及无机砷的测定》（GB 5009.11—2014）

2. 农产品污染风险评价

将农产品中重金属等污染物的含量与国家相关标准限值进行对比，是目前农产品污染风险评估中最常用的方法。在农产品污染风险评价中，选择《食品安全国家标准 食品中污染物限量》（GB 2762—2017）来进行评估，该标准详细规定了不同农产品中铅（Pb）、镉（Cd）和砷（As）等污染物的限值。另外，许多学者也采用了其他方法进一步评估食用含有重金属等污染物的农产品对人体健康的影响。例如，利用靶标危害系数法（target hazard quotients，THQ）来评价居民通过摄入蔬菜途径产生的重金属健康风险（孙清斌等，2013）；通过美国国家环境保护局（USEPA）推荐的重金属的人类最大允许摄入参考剂量（Reference dose, RfD）值进行安全评价（李秀娟等，2010）；使用美国的简单的权限控制系统（RBCA）模型对农产品中的重金属进行人体健康风险评价（杨俊等，2017）；采用农田土壤重金属复合影响中的综合质量影响指数（Influence index of comprehensive quality，IICQ）评价土壤-蔬菜系统的重金属综合污染情况（夏芳等，2017）。

在农用地类别划分过程中，除了主要考虑土壤中重金属等关注污染物的相对含量

（或污染指数）以外，还需适当考虑该评价单元内所种植的农产品的种类和质量。其中，某种农产品是否达标，建议以《食品安全国家标准 食品中污染物限量》（GB 2762—2017）中规定的该农产品的含量限值为准。当调查区域内农产品中污染物含量低于（或等于）上述标准中对应的限值时，主要参考土壤中污染物相对含量来划定农用地类别；当调查区域内农产品中污染物含量高于上述标准中对应的限值时，可在根据土壤中污染物相对含量划分的基础上，将该区域划定为安全利用类和严格管控类，需采取替代种植、农艺调控、植物修复、钝化修复、种植结构调整、退耕还林还草等对应措施。

3. 土壤污染风险评价方法

目前，在农用地土壤评价过程中，对于单一污染物，一般采用单因子污染指数法、潜在生态危害指数法、富集因子法和地累积指数法等；而对于多种污染物，一般则采用内梅罗综合污染指数法、灰色聚类法、物元分析法和模糊数学法等。另外，也可基于野外调查，根据《土壤 8 种有效态元素的测定 二乙烯三胺五乙酸浸提-电感耦合等离子体发射光谱法》（HJ 804—2016）或利用氯化钙（CaCl₂）、乙二胺四乙酸（EDTA）等试剂提取和测定土壤中重金属的有效态含量，建立与农产品中重金属含量之间的定量关系，从而根据区域内土壤中重金属有效态含量推算和预测农产品的超标风险。

笔者根据《中华人民共和国土壤污染防治法》《土壤污染防治行动计划》《农用地土壤环境管理办法（试行）》《农用地土壤环境质量类别划分技术指南（试行）》等法规文件要求，将农用地划分为优先保护类、安全利用类和严格管控类。但是，在评价过程中，土壤污染程度的确定方法是面临的一个主要问题。本书中，综合考虑了调查区域内土壤中关注污染物含量的平均值和最大值，采用内梅罗综合污染指数法对农用地土壤进行分级，同时考虑农产品的超标情况。

在评价过程中，根据《土壤环境质量 农用地土壤污染风险管控标准（试行）》（GB 15618—2018）中的标准限值（风险筛选值），筛选出超标的污染物，将其确定为关注污染物。将每个点位土壤中关注污染物的含量与《土壤环境质量 农用地土壤污染风险管控标准（试行）》（GB 15618—2018）中的标准限值（风险筛选值）进行对比，计算出每个污染物的单因子污染指数（P_i），计算公式如下：

$$P_i = \frac{C_i}{C_{s,i}}$$

式中，P_i 为单个关注污染物［如镉（Cd）、铅（Pb）、铜（Cu）］的单因子污染指数；C_i 为土壤中单个关注污染物的含量（mg/kg）；$C_{s,i}$ 为《土壤环境质量 农用地土壤污染风险管控标准（试行）》（GB 15618—2018）中该关注污染物对应的风险筛选值（mg/kg）。

在土壤综合污染评价时，将土壤中污染物含量超过上述对应标准限值的污染物定为关注污染物，然后采用内梅罗综合污染指数法进行评估，可兼顾单个污染物的污染指数的平均值和最大值，计算公式如下：

$$P_n = \sqrt{\frac{P_{i,\text{ave}}^2 + P_{i,\text{max}}^2}{2}}$$

式中，P_n 为内梅罗综合污染指数，$P_{i,\text{ave}}$ 为某点位中所有关注污染物 [如镉（Cd）、铅（Pb）和铜（Cu）] 的单因子污染指数（P_i）的平均值，$P_{i,\text{max}}$ 为某点位中所有关注污染物 [镉（Cd）、铅（Pb）和铜（Cu）] 的单因子污染指数（P_i）的最大值。

根据上述计算出的内梅罗综合污染指数（P_n），将调查区域内农用地土壤划分为优先保护类、安全利用类（I、II 和 III）和严格管控类三个大类（表 4-6）。建议对不同类别的农用地土壤，采取对应的措施，其中对于优先保护类区域，采取严格保护措施，并进行农业投入品的监测，确保不对其造成污染；对于安全利用 I 类区域，采取日常监测等措施，即对农产品和土壤等进行监测，确保农产品中污染物不超标和土壤中污染物无逐年升高趋势；对于安全利用 II 类区域，采取替代种植、农艺调控等措施，尽可能地降低农产品中污染物的超标风险；对于安全利用 III 类区域，采取钝化技术、农艺调控、植物修复等措施，降低土壤中重金属污染物的总量或有效态含量，从而降低农产品中污染物的超标风险；对于严格管控类区域，农产品中污染物的超标风险极大，建议采取调整种植结构、退耕还林还草、退耕还湿、轮作休耕、轮牧休牧等风险管控措施。

表 4-6　调查区域内农用地土壤环境质量划分依据

序号	内梅罗综合污染指数（P_n）	质量类别
1	$P_n \leq 1$	优先保护类
2	$1 < P_n \leq 2$	安全利用 I 类
3	$2 < P_n \leq 3$	安全利用 II 类
4	$3 < P_n \leq 5$	安全利用 III 类
5	$P_n > 5$	严格管控类

注：当调查区域内农产品中污染物含量高于《食品安全国家标准 食品中污染物限量》（GB 2762—2017）中规定的含量限值时，则将原质量类别调整为下一类别，例如将"安全利用 I 类"调整为"安全利用 II 类"。

主要参考文献

蔡苇，2009. 黄石市基本农田水稻中重金属污染评价分析[J]. 黄石理工学院学报，25（6）：21-25，41.

曹仁林，贾晓葵，张建顺，1999. 镉污染水稻土防治研究[J]. 天津农林科技，6：12-17.

陈华勇，欧阳建平，马振东，2003. 大冶有色冶炼厂附近农田镉污染的现状与治理对策[J]. 土壤，1：76-77，82.

大冶市农普办和大冶市统计局，2018. 大冶市第三次全国农业普查主要数据公报[R/OL]. （2018-06-05）[2018-10-07].
　http://www.hbdaye.gov.cn/zwgk/xxgkzl/xxgkml/tjsj/201806/ t20180605_502968.shtml.

方雪娟，丁镭，张志，2013. 大冶陈贵镇小型尾矿库分布特征及其环境影响分析[J]. 国土资源遥感，25（1）：155-159.

方月梅，张晓玲，刘娟，等，2017. 大冶湖流域底泥重金属污染及生态风险评价[J]. 湖北理工学院学报，5（33）：17-24.

冯升，2014. 垦出一片"新天地"——湖北省大冶市复垦万亩工矿废弃地小记[N]. 中国矿业报，2014-1-16（A03）.

胡红青，杨少敏，王贻俊，等，2004. 大冶龙角山矿区几种植物的重金属吸收特征[J]. 生态环境，13（3）：310-311.

胡学玉，孙宏义，陈德林，2007. 大冶矿区土壤重金属积累对土壤酶活性的影响[J]. 生态环境，16（5）：1421-1423.

贾赵恒，罗瑶，沈友刚，等，2017. 大冶龙角山矿区农田土壤重金属形态分布及其来源[J]. 农业环境科学学报，36（2）：

264-271.

孔晓梦，2016. 广西重金属污染防治初显成效[N]. 广西日报，2016-03-15（10）.

李伟，张建新，马振东，2006. 黄石市罗桥地区土壤镉污染的环境地球化学特征[J]. 地质与资源，15（3）：222-226.

李秀娟，靳孟贵，郝汉舟，等，2010. 黄石沿江作物中镉（Cd）的分布特征及安全评价[J]. 农业现代化研究，31（4）：509-512.

李兆华，张亚东，2010. 大冶湖水污染防治研究[M]. 北京：科学出版社：62，96.

鲁珍，李晖，马啸，等，2012. 大冶湖 2000—2009 年地表水质评价及污染趋势预测[J]. 环境科学与技术，35（5）：174-178.

慕凯，罗明良，2017. 三里七湖水生植物重金属富集作用研究[J]. 生态科学，36（3）：82-89.

宋书巧，梁利芳，周永章，等，2003. 广西刁江沿岸农田受矿山重金属污染现状与治理对策[J]. 矿物岩石地球化学通报，22（2）：152-155.

孙清斌，尹春芹，邓金锋，等，2013. 大冶矿区土壤-蔬菜重金属污染特征及健康风险评价[J]. 环境化学，32（4）：671-677.

汪宝坤，2016. 大冶：雷霆万钧势铁腕除患时[N]. 中国安全生产报，2016-10-17（007）.

吴凤娇，田城，2013. 给大地"排毒"——建设生态黄石系列报道之五[N]. 黄石日报，2013-06-27（001）.

夏芳，王秋爽，蔡立梅，等，2017. 有色冶金区土壤-蔬菜系统重金属污染特征及健康风险分析[J]. 长江流域资源与环境，26（6）：865-873.

鄢昭，刘婷，孙俊霞，等，2015. 矿区湖泊微型浮游生物对重金属的富集研究——以湖北大冶湖和磁湖为例[J]. 安全与环境工程，22（3）：28-34.

杨俊，吕府红，宋永伟，等，2017. 典型重金属污染地区蔬菜中重金属含量及健康风险[J]. 环境污染与防治，39（9）：952-956.

杨磊，丁树文，2009. 大冶龙角山地区土壤中重金属污染现状与评价[J]. 干旱环境监测，23（1）：31-36.

杨胜香，2007. 广西锰矿废弃地重金属污染评价及生态恢复研究[D]. 桂林：广西师范大学.

尹春芹，孙清斌，邓金锋，2013. 环大冶湖农田土壤重金属污染特征及潜在生态评价[J]. 湖北理工学院学报，29（1）：17-22，27.

余冬元，闫伟伟，揭武，2012. 大冶市农村饮用水源地现状调查及保护对策[J]. 湖北师范学院学报（自然科学版），32（2）：22-25.

张家泉，胡天鹏，刑新丽，等，2017a. 大冶湖表层沉积物-水中多环芳烃的分布、来源及风险评价[J]. 环境科学，38（1）：170-179.

张家泉，李秀，张全发，2015. 大冶湖滨岸带重金属水-土迁移特征与风险评价[J]. 环境科学，36（1）：194-201.

张家泉，田倩，许大毛，等，2017b. 大冶湖表层水和沉积物中重金属污染特征与风险评价[J]. 环境科学，38（6）：2355-2363.

郑昭炀，罗磊，刘宁，等，2017. 湖北大冶铜绿山铜铁尾矿库溃坝动力特性分析[J]. 金属矿山，12：136-141.

中国环境科学研究院，2012. 大冶市重金属污染调查与综合防治规划（规划期 2011—2020）[R]. 北京：中国环境科学研究院.

周国强，罗凡，淘涛，等，2016. 大冶湖流域重金属污染现状及风险评价[J]. 给水排水，42（S1）：109-112.

邹佳佳，2015. 湖北大冶农田土壤重金属的形态分析及其污染的化学钝化修复[D]. 武汉：华中农业大学.

第五章 大冶市重金属污染防治规划

第一节 规划编制原则和思路

以科学发展观、可持续发展战略和循环经济理论等为指导，以防止矿冶区重金属污染、保障人民群众生命健康为目标，突出重点地区、重点行业和企业，加大产业结构调整力度，健全法规标准体系，强化环境执法监管，提高健康危害监测和诊疗能力，严格环境准入，以科技进步为先导，依法管理为抓手，市场运作为动力，从源头抓起，扎实做好重金属污染综合防治工作，为促进大冶市经济、社会、资源和环境的协调发展，建设生态型城市做出应有的贡献。按照以下五个原则，编制大冶市各重点区域的重金属污染防治规划和年度实施方案，落实防治措施和资金。

1. 以人为本，科学发展

牢固树立"创新、协调、绿色、开放、共享"新发展理念，为全面建设小康社会，提高生活质量，保障人民身心健康，提供安全、良好的生态环境，促进社会、经济、环境协调发展。

2. 远近结合，突出重点

以污染严重、毒性较大的超标重金属作为整治的重点，突出危害群众身体健康的重点地区、重点行业和重点企业，对重点地区实施"涉重"企业零准入，对重点行业实施产业结构调整，对重点企业实施限排或关停，分期、分批实施重金属污染治理和重点保护工程项目。

重点对有色金属采选及冶炼、重有色金属冶炼与压延加工及历史遗留重金属废物堆场进行全面排查整治，做到全面覆盖。加大重金属污染企业整治力度，对不符合产业政策的企业，坚决予以取缔；对未经环评审批的建设项目，一律停止建设和生产；对污染严重和易造成重大、特大环境事件的企业，坚决予以关停；对超标排放的企业依法给予高限处罚，责令限期整改；对治理设施运行不正常的企业，责令停产整顿，限期改正，逾期未完成的依法关闭；对饮用水源地一级、二级保护区内的重金属排放企业，一律取缔关闭。进一步规范重金属排放企业环境管理，加大重金属减排的工作力度。

3. 统筹规划，分区分期

规划目标应切实可行，通过努力可以实现；措施要具有可操作性，分年度实实在在进行落实；科学预测组织经济建设和社会活动，科学分析可能产生的环境问题，有针对性地提出相应的环境保护措施。从大冶市的实际情况出发，根据环境质量状况和污染控制现状，因地制宜，突出不同地区的环境保护重点和领域，按照"一区一策"的原则，实行分区管理，形成严密协调的管制体系。在坚持远期规划的基础上，按轻重缓急实施近期建设项目，实现近期规划和远期规划相结合，全面规划和分步、分期实施相结合原则。

4. 防治结合，预防优先

坚持重金属减量化、资源化原则，坚持全过程监控原则，大力发展清洁生产，从源头上减少重金属产生量。同时，鼓励企业采用先进合理的防治技术，坚持污染控制与修复示范并重，大力发展综合利用技术，采取经济有效的处理处置手段，有效控制重金属污染。

5. 政府引导，责任落实

加强政府引导，发挥行政措施，建立健全相应管理体制和机制，落实责任主体，保障和促进重金属污染防治工作顺利进行。以"治旧控新、消化存量""保安全、防风险""以奖促治、带动全面"等为基本思路，突出"源头控制、过程阻断及末端治理"的全过程生命周期理念，实施综合防治。近期重点抓好污染源的监管防控工作，着力加强重金属污染源排查与环境监管，全面整治排放重金属的污染源，完善法规制度政策标准并确保执行到位，加大淘汰落后产能力度，实施清洁生产和稳定达标排放，建立健全应对重金属污染事故的长效机制，力争减少污染物排放量、遏制重金属污染事故发生。选择实施部分问题导向和技术导向的示范工程，并试点解决矛盾突出的历史遗留问题等，保证"十三五"大规模推行环境修复的顺利开展。划定重点防控区域，制定和完善节能、环保、技术、安全、土地使用和职业健康等方面的产业准入条件、环保法规标准、技术规范和经济政策，减少重金属产污强度。

第二节　规划编制依据

一、国家文件

1)《中华人民共和国环境保护法》。
2)《中华人民共和国土壤污染防治法》。

3）《中华人民共和国水法》。

4）《中华人民共和国水污染防治法》。

5）《中华人民共和国清洁生产促进法》。

6）《中华人民共和国循环经济促进法》。

7）《中华人民共和国水污染防治法实施细则》。

8）《中共中央国务院关于加快推进生态文明建设的意见》（中发〔2015〕12 号）。

9）《国务院关于印发全国生态环境保护纲要的通知》（国发〔2000〕38 号）。

10）《国务院关于加强环境保护重点工作的意见》（国发〔2011〕35 号）。

11）《国务院关于印发土壤污染防治行动计划》（国发〔2016〕31 号）。

12）《国务院关于印发"十三五"生态环境保护规划的通知》（国发〔2016〕65 号）。

13）《畜禽规模养殖污染防治条例》（中华人民共和国国务院令第 643 号）。

14）《重金属污染综合防治"十二五"规划》。

15）《环境保护办公厅关于开展"十三五"环保投资项目储备库建设工作的通知》（环办规财〔2016〕26 号）。

16）《财政部环境保护部关于印发土壤污染防治专项资金管理办法的通知》（财建〔2016〕601 号）。

17）《农用地土壤环境管理办法（试行）》（中华人民共和国环境保护部、中华人民共和国农业部令第 46 号）。

18）《污染地块土壤环境管理办法（试行）》（中华人民共和国环境保护部令第 42 号）。

19）《关于印发重点企业清洁生产审核程序的规定的重要通知》（环发〔2005〕151 号）。

20）《清洁生产审核办法》（中华人民共和国国家发展和改革委员会、中华人民共和国环境保护部令第 38 号）。

21）《农用地土壤环境质量类别划分技术指南（试行）》（环办土壤〔2017〕97 号）。

22）《铅锌采选行业清洁生产评价指标体系》（中华人民共和国国家发展和改革委员会、中华人民共和国环境保护部、中华人民共和国工业和信息化部公告 2015 年第 25 号）。

二、地方文件

1）《资源型城市湖北大冶转型和可持续发展规划（2008—2015 年）》。

2）《湖北省土壤污染防治条例》（2016 年 10 月 1 日起实施）。

3）《湖北省土壤污染防治行动计划工作方案》（鄂政发〔2016〕85 号）。

4）《关于印发湖北省环境保护"十三五"规划的通知》（鄂政发〔2016〕76 号）。

5）《湖北省国民经济和社会发展第十三个五年规划纲要》。

6）《湖北省土壤污染综合防治行动计划工作方案》（鄂政发〔2016〕85 号）。

7）《湖北省重金属污染综合防治"十二五"规划》。

8）《黄石市土壤污染综合防治先行区建设方案》。

9）《黄石市土壤污染防治行动计划工作方案》（黄政发〔2017〕24 号）。

10）《黄石市土壤污染防治专项资金管理办法实施细则（试行）》（黄土办〔2017〕22 号）。

11）《黄石市 2018 年土壤污染防治工作实施方案》（黄土组发〔2018〕1 号）。

12）《黄石市重金属污染综合防治规划（2011—2015 年）》。

13）《黄石市国民经济和社会发展第十三个五年规划》。

14）《关于印发黄石市生态环境保护十三五规划的通知》（黄政发〔2017〕6 号）。

15）《黄石市土壤污染综合防治示范区建设方案》。

16）《大冶市城市总体规划（2005—2020 年）》。

17）《大冶市国民经济和社会发展第十三个五年（2016—2020 年）规划纲要》。

18）《大冶市"十三五"环境保护规划》。

19）《大冶市重金属污染调查与综合防治规划（2011—2015 年）》。

20）《大冶市土地利用总体规划（2006—2020 年）》。

21）《大冶市农业发展"十三五"规划》。

22）《大冶市土壤污染防治行动计划》（冶政发〔2016〕23 号）。

三、国家和行业标准规范

1）《土壤环境质量　农用地土壤污染风险管控标准（试行）》（GB 15618—2018）。

2）《土壤环境质量　建设用地土壤污染风险管控标准（试行）》（GB 36600—2018）。

3）《食品安全国家标准　食品中污染物限量》（GB 2762—2017）。

4）《食品安全国家标准　食用植物油料》（GB 19641—2015）。

5）《食品安全国家标准　粮食》（GB 2715—2016）。

6）《生活饮用水卫生标准》（GB 5749—2006）。

7）《地表水环境质量标准》（GB 3838—2002）。

8）《地下水质量标准》（GB/T 14848—2017）。

9）《农田灌溉水质标准》（GB 5084—2005）。

10）《污水综合排放标准》（GB 8978—1996）。

11）《畜禽养殖业污染物排放标准》（GB 18596—2001）。

12）《大气污染物综合排放标准》（GB 16297—1996）。

13）《有机-无机复混肥料》（GB 18877—2009）。

14）《土壤环境监测技术规范》（HJ/T 166—2004）。

15）《清洁生产标准　镍选矿行业》（HJ/T 358—2007）。

16）《清洁生产标准　粗铅冶炼业》（HJ 512—2009）。

17）《农田土壤环境质量监测技术规范》（NY/T 395—2012）。

18）《农用水源环境质量监测技术规范》（NY/T 396—2000）。

19）《农、畜、水产品污染监测技术规范》（NY/T 398—2000）。

20）《有机肥料》（NY 525—2012）。

21）《生物有机肥》（NY 884—2012）。

22）《水溶肥料 汞、砷、镉、铅、铬的限量要求》（NY 1110—2010）。

第三节　规划目标与主要指标

根据前面两节中的编制原则、思路和编制依据，基于对大冶市矿业废弃地、土壤、水体和农产品等踏勘和调查结果，以及各重点企业的基本情况，同时紧密结合国家、省和市发布的《大气污染防治行动计划》（"大气十条"）、《水污染防治行动计划》（"水十条"）和《土壤污染防治行动计划》（"土十条"）或工作方案等文件，制定大冶市重金属污染综合防治规划。

一、规划目标

1）大气环境。制定重点行业清洁生产审核与清洁化改造总体计划，分年度落实任务，推广采用清洁生产技术改造，提高清洁生产水平。加大散煤治理力度，逐步推行城镇和农村天然气及可再生能源等清洁能源替代散煤。

2）水环境。到 2020 年，大冶市全市水环境质量得到阶段性改善，优良水体比例增加，污染严重水体较大幅度减少，地下水污染趋势得到基本控制。到 2030 年，力争全市水环境质量明显改善，水生态系统功能基本良好。到 20 世纪中叶，全市水生态环境质量全面改善，生态系统实现良性循环。推进农业农村污染防治，防治畜禽和水产养殖污染，控制种植业污染。

3）土壤环境。开展土壤重金属调查，制定土壤重金属污染综合治理专项规划，全面推进重金属污染防治和土壤修复，启动罗家桥街道、金湖街道、金山店镇和陈贵镇等区域农田污染土壤修复与综合治理示范工程，引导农业生产合理施用农药和化肥，从源头上防止农村土壤污染。到 2020 年，大冶市全市土壤环境质量稳中向好，重金属污染重点区域土壤污染加重趋势得到控制，农用地土壤环境得到有效保护，建设用地土壤环境安全得到基本保障，全市土壤环境监管能力得到显著提升，土壤环境治理与修复试点取得明显成效。到 2030 年，土壤环境质量全面改善，实现生态系统良性循环。

4）矿山环境。按照"政府支持引导、企业主体、协会促进、政策配套"的原则，积极推进绿色矿山建设，发展绿色矿业。

二、主要指标

到 2020 年，所有"涉重"企业清洁生产水平均达到国内先进水平，完成 16 家企业清洁生产审核工作；大冶市全市煤炭消费占能源消费总量的比重降低到 50% 以下；全市地表水水质优良（达到或优于 III 类）比例总体达到 85%，丧失使用功能（处于劣 V 类）的水体断面比例控制在 6% 以内；城市污水处理厂污泥无害化处理处置率达到 90% 以上；畜禽规模化养殖场粪便利用率达到 85% 以上，全市 85% 以上的规模化畜禽养殖场配套完善粪污贮存设施，30% 以上的养殖专业户实施粪污集中收集处理和利用；主要农作物化肥农药使用量实现零增长；全市受污染耕地安全利用率达到 90% 以上，污染地块安全利用率达到 90% 以上；矿山地质环境恢复治理率达 65%，新建和在建矿山毁损土地复垦率达 90%，历史遗留矿山废弃土地复垦率达 55%；到 2030 年，全市受污染耕地安全利用率达到 95% 以上，污染地块安全利用率达到 95% 以上。

第四节　区域重金属污染的主要问题识别

多年来依靠矿业开采和冶炼业，大冶市的经济得到了快速发展。但是，在经济发展的同时，大冶市也面临着矿产资源枯竭、产能落后、生态环境破坏等问题。随之而来的各种矛盾和问题也日益凸显，主要体现在产业结构、污染治理监测投入、土壤污染、历史遗留和周边污染源这五个方面。

一、产业结构不合理

大冶市的产业结构中传统产业所占比重大，新中国成立以来先后建立了二十多家大中型厂矿企业。《大冶统计年鉴（2016 年）》显示，目前全市有规模以上采矿企业 69 家，多年从事来铜、铁等金属矿产的开采和冶炼等传统产业的产值占到全市产值的绝大份额。大冶市作为我国重要的原材料工业基地之一，其初级产品比重大，呈粗放型增长方式，产业结构不够合理。主要问题包括："涉重"行业发展迅速，一些高投入、高耗能的企业及小作坊生产企业依然存在（注：目前大冶市"五小企业"已全部关停）；一些涉重金属行业和企业无序发展，产业相似度较高；中小企业数量庞大，结构性污染比较突出，含重金属等污染物的"三废"排放对周围环境造成不同程度污染。

大冶市轻重工业比例悬殊，重工业比重高，且主要为黑色金属矿采选业、有色金属矿采选业、金属制品业和黑色金属冶炼及压延加工业等。工业发展地域差别特别是长期以来形成的工业结构布局，使得污染集中在工业相对发达的区域，不尽合理的产业布局、产业组织结构造成大冶市结构性污染特征明显。

二、污染治理和监测投入不足

大冶市污染治理设施数量相对较少，设备比较陈旧，处理能力和日常设施行率低，污染源监控管理力度和措施不够完善。老企业与老设备所占比重较大，技术创新任务重。

全市范围内 30 年以上的企业就有十多家，多数老企业技术装备老化。相关资料显示，一方面，这些企业落后的技术装备达到 70%，先进技术装备不足 30%，技术改造的任务繁重；另一方面，目前各企业主要注重常规性污染物指标的监测，重金属监测能力有待提高，部分企业尚无重金属污染自动在线监测系统，特别是废气排放监测监督力度不够，基础数据量较少。目前尚未建立重金属污染预警处理应急体系。

目前，大冶市环境监测站虽然持有湖北省质量技术监督局颁发的计量认证资格证，但在环境监测和样品分析上均存在人员配备不合理、设备不足等问题。各级环境监测站监测设备数量少，分析能力有限，远远不能满足本地区土壤环境监管要求。另外，水体和土壤污染等环境问题时有发生，大冶市环境污染应急监测体系仍有待加强。因此，大冶市各级监测站需要加强监测监管制度、人员机构和硬件设备等方面的建设工作。

三、土壤污染问题突出

1）大冶市部分区域土壤污染范围较广、程度较深，治理难度较大，其中农用地土壤污染对农产品质量安全和人体健康的风险较大。前期调查结果和文献资料显示（详见第四章第三节），区域内土壤中主要污染物为镉（Cd）、铅（Pb）、铜（Cu）等，其中镉（Cd）、铅（Pb）对农产品质量安全和人体健康影响极大，而高含量的铜（Cu）会影响农作物生长，已有部分区域出现农产品中重金属超标现象。

2）土壤污染修复与风险控制技术不成熟，治理难度大。土壤修复工程复杂、技术要求高、费用高，需要资金长期投入，且国内尚未有成熟的、可工程化的经济型农用地土壤污染修复和治理技术。因此，大冶市污染农用地的土壤安全利用工作面临较大困难。目前，亟须在本地开展土壤修复示范工程，探索总结适合当地经济社会水平的针对可耕种农田和已废弃农田修复技术和管理模式。

3）责任主体不明，地方政府资金投入压力大。在我国现有的环境修复项目中，政府作为业主承担项目占项目总数的绝大多数，而企业等作为业主承担项目只占一小部分。可见，在环境修复中，政府承担了更多的责任，而作为污染者的企业并未承担应有的治理责任，这一问题在土壤污染治理中表现尤为明显。目前，我国土壤污染修复，特别是农用地土壤修复，基本依靠中央政府和地方政府投资。中央和地方政府财政面临较大压力，短期难以开展大范围农用地土壤修复。

四、历史遗留污染问题严重

大冶市水系发达，水资源较丰富，但工业废水排渠排湖量大，且重金属污染物种类多。大冶湖及其上游港渠等主要水体纳污量大，污染相对更严重，其修复工程复杂，技术要求高，治理难度较大，污染控制任务繁重。另外，大冶市有许多因矿产资源开发遗留的挖损、压占、塌陷、污染和诱发地质灾害以及遭到严重影响的工矿废弃地。其中，多年的采矿和冶炼活动产生的大量尾矿砂随意堆放形成尾矿库压占农田，也成为周边环境的巨大隐患。尾矿库压占周边的农用地及土壤污染，是最为突出的历史遗留污染问题。

五、周边污染源难控

大冶市周边的一些大型选矿及冶炼企业是大冶市水体沉积物、土壤重金属污染的主要来源之一，对大冶市环境造成很大压力。但由于其不在大冶市行政管辖范围内，大冶市面临环境发展政策及企业发展政策不完全统一。大冶市政府与企业存在"问题难沟通、意见难统一"等情况，是大冶市重金属污染防治工作的难点之一。

第五节　重点防控区和治理单元划定

一、重点防控区

重点防控区划定对于整个城市的环境规划和污染治理有着非常重要的指导意义。根据最新的污染源普查数据和土壤及农产品中重金属污染物的调查数据，进行重点规划单元内对应的单项指标定量分析识别，在此基础上对"涉重"单元进行实地调研，将重金属污染物排放相对集中的地区和污染严重地区作为重点防控区。

以大冶市为例，重点"涉重"企业是大冶市主要的工业污染源，主要分布在陈贵镇、罗家桥街道、还地桥镇和金湖街道等区域。综合考虑"涉重"企业分布情况、"三废"排放量、土壤和农产品的重金属分布情况等因素，最终确定重点防控区为罗家桥街道、金湖街道、还地桥镇和陈贵镇（表5-1）。

表5-1　重点防控区划定情况

序号	区域名称	优先因素	主要问题分析
1	罗家桥街道 金湖街道	"涉重"企业规模；废水中重金属排放量；土壤重金属含量及超标程度	废水中重金属产生量大，"涉重"重点企业较多，单位面积废水、废气中重金属产生量较大，排放量也较大；土壤及农产品中重金属超标
2	还地桥镇	土壤中重金属含量及超标程度	选采矿及冶炼企业较多，且分布较集中；土壤中重金属含量超标
3	陈贵镇	"涉重"企业规模；废水中重金属排放量；土壤中重金属含量及超标程度	"涉重"企业较多，铜冶炼产值高，环境排放量高；土壤中重金属含量超标

二、重点防控行业与企业

重点防控行业的确定对于所在区域行业发展规划和结构调整是非常重要的。2013年发布的《大气污染防治行动计划》（"大气十条"）要求对钢铁、水泥、化工、石化、有色金属冶炼等重点行业推行清洁生产。2015年发布的《水污染防治行动计划》（"水十条"）要求专项整治造纸、焦化、氮肥、有色金属、印染、农副产品加工、原料药制造、制革、农药、电镀等 10 个重点行业。2016 年发布的《土壤污染防治行动计划》（"土十条"）要求重点监管有色金属矿采选、有色金属冶炼、石油开采、石油加工、化工、焦化、电镀、制革等行业。《湖北省重金属污染综合防治"十二五"规划》确定的湖北省重金属重点防控行业包括有色金属矿采选业、有色金属冶炼及压延加工业、金属制品业、含铅蓄电池业、化学原料及化学制品制造业等 5 个行业。根据上述文件，同时结合大冶市当地污染源普查数据，对各行业的污染物产生强度和排放强度、重金属排放总量排序，将具有危害风险的重金属产生、排放企业所属行业确定为重点防控行业，严防重金属等污染物进入大气、水、土壤等环境，防止引发严重环境污染事故。

根据上述方法，最终确定出大冶市的重点防控行业为重有色金属冶炼及压延加工业、有色金属矿（含伴生矿）采选业和金属制品业等。

土壤中重金属污染源主要包括大冶市重点监管企业 36 家，根据相关数据确定对土壤容易造成影响的企业（"环统企业"）108 家，2014 年关停"五小企业"217 家，以上企业名单分别见表 5-2～表 5-4。

表 5-2　大冶市重点监管企业名单

序号	企业名称	所在地*	污染物
1	大冶市保安联营铁矿	保安镇	石油类
2	大冶市兴进铝业有限公司	还地桥镇	石油类
3	黄石市金桥铝业有限公司	还地桥镇	石油类
4	大冶市骏辉铝业有限责任公司	还地桥镇	石油类
5	黄石市海达工贸有限公司	罗家桥街道	砷（As）、铅（Pb）、镉（Cd）
6	大冶市华厦铝业有限公司	罗家桥街道	石油类
7	湖北蓝华铝业有限公司	罗家桥街道	石油类
8	湖北美维铝型材有限责任公司	罗家桥街道	石油类
9	黄石市晨茂铝业有限公司	罗家桥街道	石油类
10	美阁铝型材有限责任公司	罗家桥街道	石油类
11	兴诚有色金属有限公司	罗家桥街道	砷（As）、铅（Pb）、镉（Cd）
12	正明铝业有限责任公司	罗家桥街道	石油类
13	大冶市宏泰铝业有限公司	罗家桥街道	石油类
14	大冶市凯宇冶金有限公司	大箕铺镇	砷（As）、铅（Pb）、镉（Cd）
15	大冶市丰利矿产品有限公司	大箕铺镇	砷（As）、铅（Pb）、镉（Cd）
16	长松矿业有限责任公司	大箕铺镇	砷（As）、铅（Pb）、镉（Cd）
17	大冶市达盛昌矿业有限公司	大箕铺镇	砷（As）、铅（Pb）、镉（Cd）

续表

序号	企业名称	所在地*	污染物
18	大冶市大箕铺镇曹庭新选厂	大箕铺镇	铅（Pb）、镉（Cd）、石油类
19	大冶市大箕铺镇吕义勇铜矿	大箕铺镇	铅（Pb）、镉（Cd）
20	大冶市大志山矿石加工厂	大箕铺镇	铅（Pb）、镉（Cd）
21	大冶市大垴山金矿	大箕铺镇	铅（Pb）、镉（Cd）
22	大冶市付家山矿业有限公司	大箕铺镇	铅（Pb）、镉（Cd）
23	湖北三鑫金铜股份有限公司	金湖街道	铅（Pb）、镉（Cd）、汞（Hg）
24	大冶市元义选矿厂	金湖街道	砷（As）
25	大冶市鼎禄铜业有限责任公司	金湖街道	砷（As）、铅（Pb）、镉（Cd）
26	大冶市众旺矿业有限公司	金湖街道	砷（As）、铅（Pb）、镉（Cd）
27	大冶市虎成矿业有限公司	金湖街道	砷（As）、铅（Pb）、镉（Cd）
28	大冶有色金属有限责任公司铜绿山铜铁矿	金湖街道	砷（As）、铅（Pb）、镉（Cd）
29	大冶市经纬矿产品有限公司	金湖街道	砷（As）、铅（Pb）、镉（Cd）
30	大冶市金井矿业有限公司	金湖街道	铅（Pb）、镉（Cd）、汞（Hg）
31	大冶市德源工贸有限公司	金湖街道	砷（As）、铅（Pb）
32	大冶市大红山矿业有限公司	金湖街道	石油类、铅（Pb）、镉（Cd）、汞（Hg）
33	大冶有色金属有限责任公司铜山口铜矿	陈贵镇	铅（Pb）、镉（Cd）、汞（Hg）
34	陈贵大广山矿业有限公司	陈贵镇	石油类
35	大冶市陈贵昌发铜材有限公司	陈贵镇	砷（As）、铅（Pb）、镉（Cd）
36	武汉钢铁集团矿业有限责任公司金山店铁矿	金山店镇	砷（As）

* 所在地数据截止时间为 2018 年 1 月。

表5-3 大冶市"环统企业"名单

序号	企业名称	备注
1	湖北卓群铝业有限公司	铝压延加工
2	湖北海富镍网科技有限公司	纺织专用设备制造
3	大冶华灵集团矿业有限责任公司普庆铁矿	铁矿采选
4	大冶秀山强盛煤业有限公司	烟煤和无烟煤开采洗选
5	大冶市灵乡镇选厂	铁矿采选
6	大冶市保安鑫安灰石厂	石灰和石膏制造
7	大冶市铜山铜铁矿	铜矿采选
8	大冶市保安联营铁矿	铁矿采选

续表

序号	企业名称	备注
9	湖北三鑫金铜股份有限公司	铜矿采选
10	大冶市陈贵镇大广山选矿厂	铁矿采选
11	大冶市陈贵刘家畈矿业有限公司	铁矿采选
12	大冶市桐梓沟煤矿	烟煤和无烟煤开采洗选
13	大冶市保安矿业有限公司金山灰石厂	石灰和石膏制造
14	大冶市平烈矿石加工厂	铜矿采选
15	大冶市丰利矿产品有限公司	铜冶炼
16	大冶市富源矿业有限公司	铜冶炼
17	大冶市金钢有色金属公司	铜冶炼
18	大冶市金湖兰家山选厂	铁矿采选
19	大冶市大箕铺镇银河选矿厂	铜矿采选
20	大冶市大志山矿石加工厂	铜冶炼
21	大冶市盛翔矿产品加工厂	铁矿采选
22	大冶市唐家庄矿业有限责任公司	铁矿采选
23	大冶市兴进铝业有限公司	铝压延加工
24	黄石市金桥铝业有限公司	铝压延加工
25	大冶市保安镇塘湾灰石厂	石灰和石膏制造
26	大冶市保安株树灰石厂	建筑用石加工
27	湖北陈贵顺富纺织服装有限公司	棉纺纱加工
28	湖北鑫兴威矿业有限责任公司	炼铁
29	湖北亮达铝业科技有限公司	铝压延加工
30	湖北省大冶市骏辉铝业有限责任公司	铝压延加工
31	大冶市新祥钙业有限责任公司	石灰和石膏制造
32	大冶市山金页岩砖有限公司	黏土砖瓦及建筑砌块制造
33	大冶市青安新型建材有限公司	石灰和石膏制造
34	武汉重冶汽车零部件有限公司	汽车零部件及配件制造
35	湖北科瑞辰机械制造有限公司	铸造机械制造
36	大冶市中鑫铝业有限公司	铝压延加工
37	大冶市君阁铝业科技有限公司	铝压延加工
38	大冶市长柏垴矿业有限责任公司	铜矿采选
39	大冶市金福矿产品公司	铁矿采选

续表

序号	企业名称	备注
40	黄石市海达工贸有限公司	铜冶炼
41	湖北日盛科技有限公司	模具制造
42	大冶市华厦铝业有限公司	铝压延加工
43	大冶市海泰矿业有限责任公司	铁矿采选
44	湖北迪峰换热器有限公司	制冷、空调设备制造
45	湖北蓝华铝业有限公司	铝压延加工
46	黄石宏翔钙业有限公司	石灰和石膏制造
47	大冶市天佑矿业有限公司	铜冶炼
48	大冶市大垴山金矿	金矿采选
49	湖北美维铝型材有限责任公司	铝压延加工
50	黄石利达纺织印染有限公司	棉纺纱加工
51	大冶市大箕铺镇曹庭新选厂	铜矿采选
52	华新混凝土（武汉）有限公司大冶分公司	其他建筑材料制造
53	武汉重冶机械成套设备集团有限公司大冶分公司	汽车零部件及配件制造
54	大冶全胜模具材料有限公司	其他金属加工机械制造
55	湖北实美科技有限公司	铝压延加工
56	黄石山力兴冶薄板有限公司	铜压延加工
57	湖北东神楚天化工有限公司	炸药及火工产品制造
58	大冶有色金属有限责任公司铜山口铜矿	铜矿采选
59	大冶市宏泰铝业有限公司	铝压延加工
60	大冶市陈贵安船矿业有限公司	铁矿采选
61	武钢矿业有限责任公司灵乡铁矿天华发展有限公司	炼铁
62	大冶市陈贵大广山矿业有限公司	铁矿采选
63	大冶市陈贵镇中广山选厂	铁矿采选
64	大冶市新冶特钢有限责任公司	钢压延加工
65	大冶市鑫惠矿业有限公司	铜矿采选
66	大冶市陈贵镇雷山选矿有限责任公司	铁矿采选
67	大冶市蒲兴矿业有限责任公司	铁矿采选
68	黄石成美建材有限公司（自备电厂）	其他电力生产
69	大冶市华兴玻璃有限公司	玻璃包装容器制造
70	大冶市大红山矿业有限公司	铜矿采选

序号	企业名称	备注
71	大冶市金井矿业有限公司	金矿采选
72	大冶市华星矿产品贸易有限公司	铁矿采选
73	大冶市天发工贸有限公司	铁矿采选
74	大冶市陈贵铜山口矿业有限公司	铁矿采选
75	大冶市金灵矿业有限责任公司	铁矿采选
76	黄石市晨茂铝业有限公司	铝压延加工
77	大冶市华锋纸业有限公司	机制纸及纸板制造
78	大冶市兴成铸造有限公司	炼铁
79	大冶华鑫实业有限公司	炼钢
80	大冶市金成矿业有限责任公司	铁矿采选
81	华新水泥（大冶）有限公司（自备电厂）	其他电力生产
82	大冶市大箕铺镇李家湾铜矿	铜矿采选
83	大冶市兴红矿业有限公司	铁矿采选
84	大冶市同和矿业有限公司	铁矿采选
85	大冶尖峰水泥（自备电厂）	其他电力生产
86	大冶市天华矿业有限公司	铜矿采选
87	大冶市英达思有色金属有限公司	有色金属合金制造
88	大冶市丰和经贸有限责任公司牛头山煤矿	烟煤和无烟煤开采洗选
89	黄石市红宝冶金原料有限公司	石灰和石膏制造
90	大冶市灵乡正旺铁矿	铁矿采选
91	黄石工矿（集团）有限责任公司株树煤业分公司	烟煤和无烟煤开采洗选
92	大冶有色金属有限责任公司铜绿山铜铁矿	铜矿采选
93	大冶市立峰纺织有限公司	棉纺纱加工
94	大冶市柏雅纸业有限公司	机制纸及纸板制造
95	大冶市盛冶矿业有限公司	炼铁
96	大冶市灵乡镇代山选厂	铁矿采选
97	大冶市万和铝业有限责任公司	铝压延加工
98	大冶市付家山矿业有限公司	钨钼矿采选
99	大冶市昌冶矿业有限公司	铜冶炼
100	大冶市九鑫矿业有限公司	铜冶炼
101	大冶市灵乡镇普发选矿厂	铁矿采选

续表

序号	企业名称	备注
102	大冶斯瑞尔换热器有限公司	制冷、空调设备制造
103	大冶市华坤工贸有限公司	铜冶炼
104	大冶市正明铝业有限责任公司	铝压延加工
105	大冶市达盛昌矿业有限公司	铜冶炼
106	武钢资源集团有限公司金山店铁矿	铁矿采选
107	武钢资源集团有限公司灵乡铁矿	炼铁
108	湖北大冶汉龙汽车有限公司	汽车零部件及配件制造

表 5-4 大冶市 2014 年关停的"五小企业"名单

序号	行业类别	企业名称	地址
1	选厂	张文全选厂	刘家畈村
2	选厂	柯亨全选厂	矿山村
3	选厂	柯友礼选厂	矿山村
4	洗矿	三杰洗矿厂	刘家畈村
5	洗矿	明发洗矿厂	刘家畈村
6	洗矿	双江洗矿厂	刘家畈村
7	洗矿	明军洗矿厂	刘家畈村
8	洗矿	张建新洗矿厂	刘家畈村
9	洗矿	袁正加小洗矿	袁伏二村
10	选厂	铜德选厂	铜山口矿
11	选厂	大冶市金球（张斌山）矿业有限公司长源选厂	张斌湾
12	选厂	大冶市凌志矿产品贸易有限公司铜狮选厂	铜山口村
13	选厂	大冶市星河矿产品贸易有限公司星河选厂	铜山口村
14	选厂	大冶市星河矿产品贸易有限公司福宏选厂	铜山口村
15	选厂	大冶市星河矿产品贸易有限公司山湾选厂	铜山口村
16	选厂	大冶市星河矿产品贸易有限公司郭鑫选厂	铜山口村
17	选厂	大冶市李旺矿产品贸易有限公司李旺选厂	铜山口村
18	选厂	大冶市李旺矿产品贸易有限公司康富选厂	铜山口村
19	选厂	大冶市李旺矿产品贸易有限公司康富二厂	铜山口村
20	选厂	大冶市佳鑫矿产品贸易有限责任公司金利选厂	天台山村
21	选厂	大冶市二广矿业有限责任公司泰旺选厂	天台山村
22	选厂	大冶市二广矿业有限责任公司平岗选厂	天台山村

续表

序号	行业类别	企业名称	地址
23	冶炼厂	大冶市创兴免烧砖有限公司	铜山口村
24	选厂	大冶市佳鑫矿产品贸易有限责任公司运发选厂	天台山村
25	选厂	大冶市佳鑫矿产品贸易有限责任公司广胜选厂	天台山村
26	选厂	大冶市云利矿业有限公司志方选厂	天台山村
27	选厂	大冶市云利矿业有限公司金华选厂	天台山村
28	选厂	大冶市天佑矿业有限公司金富选厂	天台山村
29	选厂	大冶市天佑矿业有限公司鑫升选厂	天台山村
30	选厂	大冶市天佑矿业有限公司航鑫选厂	天台山村
31	选厂	大冶市天佑矿业有限公司金发选厂	天台山村
32	选厂	大冶市亚峰矿业有限公司纪家湾选厂	刘家畈村
33	选厂	大冶市凌志矿产品贸易有限公司鑫冶选厂	铜山口村
34	冶炼厂	大冶市瑞鑫贸易有限公司	王祠村
35	冶炼厂	大冶市华贵机械铸造有限公司	王祠村
36	冶炼厂	大冶市集宝矿业有限公司	天台山村
37	冶炼厂	大冶市宏胜矿业有限公司	天台山村
38	冶炼厂	大冶市阳泽矿业有限公司冰镍冶炼厂	天台山村
39	冶炼厂	大冶市雄狮矿业有限公司	铜山口村
40	冶炼厂	大冶市陈贵昌发铜材有限公司	王祠村
41	冶炼厂	大冶市陈贵镇国发冶炼厂	王祠村
42	冶炼厂	大冶市达旺有色金属有限责任公司	张谦村
43	洗矿	大冶市金湖油铺碾子	上冯村
44	洗矿	大冶市金湖海螺山碾子	四斗粮村
45	洗矿	大冶市冯大兵碾子	四斗粮村
46	选厂	大冶市麦林庄小选厂	下四房村
47	洗矿	大冶市金湖株林村曹育军小洗矿	三鑫尾砂库边
48	小选金	大冶市金湖曹浴洪小选金	株林村大曹湾
49	小选金	大冶市金湖黄牛山小选金	黄牛山选厂边
50	选厂	大冶市胜利矿石加工厂	下四房村
51	小选金	大冶市胡云硅灰石矿宋家山堆淋选金	宋晚村
52	小选金	大冶市摇兰山金矿堆淋选金	柯湾村
53	选厂	大冶市金华工贸公司选厂	平原村

续表

序号	行业类别	企业名称	地址
54	小选金	大冶市黄元楠黄国胜堆淋小选金	栖橹村
55	选厂	大冶市牯羊谢中乾小选厂	牯羊村
56	选厂	大冶市柯湾小选金	柯湾村
57	选厂	大冶市陈启胜小选厂	大泉村
58	选厂	大冶市骆传本小选厂	下四房村
59	选厂	大冶市下罗小选厂	下四房村
60	选厂	大冶市骆永传小选厂	下四房村
61	选厂	大冶市金湖曹裕四小选厂	株林村
62	选厂	大冶市东港选厂	胡庚村
63	选厂	大冶市新队选厂	下方村
64	选厂	大冶市黄云良选厂	下方村
65	选厂	大冶市陈敬仿选厂	马叫村
66	选厂	大冶市石家湾整合选厂石家湾车间	铜山村
67	选厂	大冶市石家湾整合选厂琪豪选厂	铜山村
68	选厂	大冶市石家湾整合选厂鹏鑫选厂	铜山村
69	选厂	大冶市石家湾整合选厂喻家山选厂	铜山村
70	选厂	大冶市许家咀矿业有限公司九鑫选厂	铜山村
71	选厂	大冶市许家咀矿业有限公司康华选厂	铜山村
72	选厂	大冶市许家咀矿业有限公司柯常福选厂	铜山村
73	选厂	大冶市许家咀矿业有限公司南湖选厂	铜山村
74	选厂	大冶市许家咀矿业有限公司柯常启选厂	铜山村
75	选厂	大冶市许家咀矿业有限公司东湖选厂	铜山村
76	选厂	大冶市许家咀矿业有限公司柯有禄选厂	铜山村
77	选厂	大冶市许家咀矿业有限公司华博选厂	铜山村
78	选厂	大冶市许家咀矿业有限公司南湖选厂	铜山村
79	选厂	大冶市许家咀矿业有限公司福泽选厂	铜山村
80	选厂	大冶市德贤选矿有限公司金灿选厂	龙角山
81	冶炼厂	大冶市铜华矿业有限公司	铜山村
82	冶炼厂	大冶市祥旺矿业有限公司（一厂）	泉塘村
83	冶炼厂	大冶市祥旺矿业有限公司（二厂）	泉塘村
84	冶炼厂	大冶市鼎禄矿业有限公司	铜山村
85	冶炼厂	大冶市泰和有色金属公司（一厂）	铜山村
86	冶炼厂	大冶市泰和有色金属公司（二厂）	铜山村

续表

序号	行业类别	企业名称	地址
87	选厂	大冶市海螺庄矿业有限公司	市农科所
88	选厂	大冶市海螺庄矿业文荣国选厂	石头咀镇
89	选厂	大冶市宏力公司选厂	省农电
90	选厂	大冶市强生矿业有限公司选厂	石头咀镇
91	选厂	大冶市富家边矿石加工厂小康选厂	佘家畈村
92	选厂	大冶市中平矿业有限公司军山选厂	四斗粮村
93	选厂	大冶市德贤选矿有限公司龙角山选厂	龙角山村
94	选厂	大冶市金坳矿业有限公司沃丰选厂	角田村
95	选厂	大冶市金坳矿业有限公司蓝天选厂	角田村
96	选厂	大冶市熊定云选厂	铜录山矿
97	选厂	大冶市石红山选厂	铜录山矿
98	选厂	大冶市泰和财矿业有限公司二车间	下方村
99	选厂	大冶市泰和财矿业三车间	下方村
100	冶炼厂	大冶市鹏鹤矿业有限公司	石花村
101	冶炼厂	大冶市德源矿业有限公司	石头咀镇
102	冶炼厂	大冶市天佑矿业有限公司	优先村
103	冶炼厂	大冶市虎成矿业有限公司	汪拳村
104	冶炼厂	大冶市凌冶矿业有限公司	干校村
105	冶炼厂	大冶市杰盛矿业有限公司	优先村
106	冶炼厂	大冶市富源矿业有限公司	四斗粮村
107	冶炼厂	大冶市保丰矿业有限公司	红卫村
108	危废处置	大冶市经纬矿业有限公司	汪拳村
109	选厂	戴岭村贺任官小洗矿	戴岭村
110	选厂	灵乡镇子山村铁子山吴家背后小洗矿	子山村
111	选厂	灵乡镇子山村铁子山吴家背后小洗矿	子山村
112	选厂	灵乡镇红峰村小洗矿厂	红峰村
113	选厂	南畈村下周湾选硫厂	南畈村
114	选厂	灵乡镇子山北坡陈强胜小洗矿	子山村
115	选厂	灵乡镇南畈村上周湾后小洗矿	南畈村
116	选厂	灵乡镇南畈村上周湾后小洗矿	南畈村
117	选厂	灵乡镇玉屏山小洗矿	南畈村
118	选厂	谈桥村付家大屋选锰厂	谈桥村
119	选厂	大冶市荣财工贸有限责任公司	长坪村
120	选厂	大冶市嘉辉矿产品有限公司	长坪村
121	选厂	大冶市瑞鹏矿业有限公司	宫台村

续表

序号	行业类别	企业名称	地址
122	选厂	大冶市狮东矿产品有限公司	大畈村
123	选厂	大冶市灵乡镇生利选矿厂	南畈村
124	选厂	大冶市灵乡镇南畈选厂	南畈村
125	选厂	大冶市嘉呈矿业有限公司	宫台村
126	选厂	大冶市柏洪矿业有限公司	长坪村
127	选厂	大冶市灵乡楠恒选厂	坳头村
128	选厂	大冶市金屏工贸有限公司	玉屏山
129	选厂	大冶市灵乡镇大畈村神山选矿厂	大畈村
130	选厂	大冶市胜安选矿有限公司	子山村
131	选厂	大冶市汉兴选矿有限公司	大畈村
132	冶炼厂	石家晚冶炼炉	石家晚村
133	选厂	大箕铺镇邓垅村建黄湾曹庭福选厂	邓垅村
134	洗矿	石家垸村石大海洗沙点	石家垸村
135	洗矿	小箕铺村曹国珍小洗矿	小箕铺村
136	小化工	顶坜垴矾厂	顶坜垴村
137	选厂	大冶市银洋选厂	顶坜垴村
138	危废处置	大冶市凯宇冶金有限公司	后畈村
139	选厂	大箕铺镇曹家垸选厂	曹家垸村
140	选厂	大冶市万松（长松）矿业公司选矿二车间	三角桥村
141	选厂	王有宝选厂	三角桥村
142	冶炼厂	长松矿业冶炼厂	三角桥村
143	冶炼厂	大志山矿石加工厂	柳林村
144	冶炼厂	汇利冶炼厂	三角桥村
145	冶炼厂	昌冶炼厂	三角桥村
146	冶炼厂	富家湾冶炼厂	石家垸村
147	冶炼厂	达盛昌冶炼厂	石家垸村
148	选厂	东庄村选厂	东庄村
149	选厂	南石村选厂	南石村
150	选厂	还地桥镇罗家庄铁矿选厂	郭桥村
151	选厂	还地桥镇高垴村盛光才选厂	高垴村
152	洗矿	还地桥镇皮家山下洗矿点	驾虹村

续表

序号	行业类别	企业名称	地址
153	选厂	刘全胜选厂	走驹村
154	选厂	大冶市明乐矿业有限公司胡耀明选厂	走驹村
155	选厂	大冶市英敏矿业有限公司刘格云选矿厂	高垴村
156	选厂	大冶市英敏矿业有限公司李文兵选矿厂	高垴村
157	选厂	大冶市英敏矿业有限公司黄国民选厂	高垴村
158	选厂	大冶市金锐矿业有限公司皮五东选矿厂	驾虹村
159	选厂	大冶市金手指矿业有限公司黄维民选厂	红光村
160	选厂	大冶市金手指矿业有限公司忠宝选厂	秀山村
161	冶炼厂	大冶市同达矿业有限公司	红峰村
162	选厂	庆宏选厂	车桥村
163	选厂	汪德选厂	车桥村
164	选厂	柯钦明选厂	车桥村
165	选厂	柯宝华选厂	车桥村
166	选厂	罗学兵选厂	车桥村
167	选厂	长山选厂	长山村
168	选厂	供电选厂	马垅村
169	选厂	舒家坳选厂	永丰村
170	选厂	永丰选厂	永丰村
171	选厂	大冶市金灵矿业有限公司选厂	白云村
172	选厂	大冶市庆宏选厂	车桥村
173	选厂	朱其敏选厂	车桥村
174	选厂	东鑫选厂	马龙村
175	选厂	大冶市金波选厂	长山村
176	选厂	大冶市新楼选厂	新楼村
177	塑料颗粒	三策村塑料颗粒厂	三策村
178	塑料颗粒	张石村塑料颗粒厂	张石村
179	洗矿	徐天宇洗沙厂	东山村
180	选厂	大冶市观音洞选矿厂	岩山村
181	选厂	大冶市铜发选矿厂	岩山村
182	选厂	大冶市腾飞选矿厂	岩山村
183	选厂	大冶市鑫狮矿业有限公司二车间	岩山村

续表

序号	行业类别	企业名称	地址
184	选厂	大冶市鑫狮矿业有限公司三车间	岩山村
185	选厂	大冶市金家园选矿厂	岩山村
186	选厂	大冶市金家来选矿厂	岩山村
187	冶炼厂	大冶市鑫源矿业有限公司	东山村
188	冶炼厂	湖北锦亮金属材料有限公司	株树村
189	选厂	大冶市徐家铺废渣加工厂	徐家铺村
190	选厂	大冶市文强工业废渣加工厂	双港村
191	选厂	下袁选厂	下袁村
192	冶炼厂	大冶市敖山镍业有限公司	敖山村
193	冶炼厂	黄石市海达工贸有限公司	两塘村
194	冶炼厂	大冶市华坤工贸有限公司	新进村
195	冶炼厂	大冶市兴诚有色金属有限公司	徐家铺村
196	选厂	黄石市宏达工贸有限公司	官塘村
197	小造纸	殷祖镇花市村孙文松造纸厂	花市村
198	洗矿	大冶市旺凯建筑材料厂	丁山村
199	选厂	杨宝周选矿厂	下边村
200	冶炼厂	港下选硫	富池镇港下村
201	冶炼厂	宋家山小选金	富池镇林岩村
202	选矿	墩福选厂	墩福村
203	选矿	阮晚选厂	石清村
204	选矿	珠林选厂	珠林村
205	选矿	汪训荣沙厂	吕广村
206	选矿	马红兵沙厂	高椅村
207	选矿	朱之臣沙厂	土库村
208	选矿	洪汉义沙厂	金龙村
209	选矿	金义高沙厂	金龙村
210	选矿	吴华南沙厂	吴东城村
211	选矿	洪胜选厂	韩家山村
212	选矿	七峰选厂	七峰林场
213	选矿	新星胡家庄沙厂	新星村
214	选矿	荣山村山顶沙厂	荣山村
215	冶炼厂	平原耐磨特钢铸件有限公司	土库村
216	冶炼厂	建新有色金属	新星村
217	选矿	马灰亮沙厂	下畈村

第六节　主　要　任　务

一、污染综合防治规划编制

开展重金属污染源监测和污染地块排查工作，以黄石市生态环境局大冶市分局为主要力量，基于全国污染源普查数据，结合企业环评、验收和企业污染物排放监测数据等资料，尽快完成对全市涉铅（Pb）、汞（Hg）、镉（Cd）、铬（Cr）、砷（As）、铜（Cu）、锌（Zn）和铊（Tl）等重金属污染的企业进行专项调查，调查内容主要包括企业生产能力、生产工艺、生产设备、生产原材料、能源（水、电、气、煤等）消耗能力、污染物（废水、废气、废渣等）排放量、重金属[铅（Pb）、汞（Hg）、镉（Cd）、铬（Cr）、铜（Cu）、锌（Zn）、铊（Tl）和砷（As）等]年排放量，以及污染治理等情况，为重金属污染防治提供数据支持，科学制定总量减排目标。大冶市长期受到有色金属采选和冶炼产生的废气、废水和废渣的影响，水体和土壤中重金属污染含量较高，部分农产品中重金属含量超标，对当地人民群众健康和社会安定造成严重威胁。另外，大冶市关于粮食、蔬菜等农产品及其对人体健康影响方面的统计数据比较缺乏，亟须开展相关调查。

按照国家《重金属污染综合防治"十二五"规划》《湖北省重金属污染综合防治"十二五"规划》《黄石市重金属污染综合防治"十二五"规划》等要求，结合大冶市产业布局和环境现状，统筹规划，以重点防控企业污染防治为主要内容，编制完成大冶市重金属污染综合防治规划。划定重点防控区域，明确防治目标任务、制定政策措施，重点解决严重威胁人民群众健康的重金属污染。

在重金属污染资料收集与统计的基础上，全面排查重金属污染企业及其周边区域环境隐患，摸清重金属污染情况，确定重点防控区域、行业、企业和高风险人群，严肃查处企业违法建设、超标排放等违法行为，集中生产绿色化、生态化分批分区解决危害群众健康和生态环境的突出问题，企业实现可持续发展。逐步建立起完善的重金属污染防治体系、事故应急体系以及环境与健康风险评估体系，使重金属污染得到有效控制。采取多种措施，从源头上控制污染物的产生和扩散，防止对土壤、水和大气造成污染。

坚决推行淘汰落后产能和工艺设备。以产业结构优化升级、促进减排为目的，严格执行《产业结构调整指导目录》《有色金属产业调整和振兴规划》等产业政策及相关行业调整振兴规划，鼓励发展污染小、能耗低、技术先进的工艺，建立有效的"涉重"企业淘汰退出制度。确定限期淘汰的落后企业名单，逐步淘汰不符合产业政策或符合产业政策但污染排放经治理后仍长期不达标的企业，关停落后产能和排放集中区的小企业。定期向社会公布限期淘汰落后产能的企业名单及执行情况，对没有按期完成淘汰落后产能和工艺装备任务的企业，将依法予以关停；严禁将落后产能和工艺设备、重污染企业转移至偏远地区、农村地区。严格执行规划环境影响评价和"涉重"项目准入制度。制定重点防控区域产业发展规划、重点防控行业专项规划,防止落后产能、重污染企业向本地转移。将规划环境影响评价作为受理审批区域内高能耗项目环评文件的前提,避免产能过剩、重复建设引发新的区域性环境问题。

建立项目管理联动机制,实行建设项目环评前置审批。未通过环评审批的项目不得开工建设,投资主管部门不得立项、核准、备案,自然资源部门不得受理用地申请和供应土地,工商部门不得办理营业执照,金融机构不得提供信贷支持;未经环评审批的在建项目或者未经环保"三同时"(建设项目的环保设施与主体工程同时设计、同时施工、同时投产使用)验收的项目,要一律停止建设和生产;对停止建设和生产的项目,组织开展环境与健康风险评估,对未达到要求的项目,要予以关闭;在重点防控区域和环境敏感区域,禁止新建、改建、扩建增加重金属污染物排放的项目;对位于环境敏感区内的重金属排放企业逐步搬迁或关闭。建设重金属污染物排放项目时,要科学确定环境安全防护距离,保障周边区域人群的健康。

建立重金属排放企业环境影响后评价制度,开展重金属排放企业地块和周边区域环境污染状况评估工作。完善"涉重"企业的清洁生产技术标准,开展强制性清洁生产审核和评估验收。贯彻落实《中华人民共和国清洁生产促进法》和《中华人民共和国循环经济促进法》,严格执行《关于印发重点企业清洁生产审核程序的规定的重要通知》(环发〔2005〕151号)、《清洁生产审核办法》(中华人民共和国国家发展和改革委员会、中华人民共和国环境保护部令〔2016〕第38号)、《清洁生产标准 镍选矿行业》(HJ/T 358—2007)、《铅锌采选行业清洁生产评价指标体系》(中华人民共和国国家发展和改革委员会、中华人民共和国环境保护部、中华人民共和国工业和信息化部公告2015年第25号)和《清洁生产标准 粗铅冶炼业》(HJ 512—2009)等清洁生产政策,按照上述相关政策,重点对大冶市"涉重"企业每两年完成一轮强制性清洁生产审核,进行档案建设和管理,通过评估验收作为"涉重"企业申请污染治理资金的前提条件。对未通过评估验收的,要限期整改;对未实施清洁生产审核或虽经审核但不如实报告审核结果的,责令限期改正,对拒不改正的企业加大处罚力度。

推广先进清洁生产技术,推动产业技术升级。大力推广应用《国家重点行业清洁生产技术导向目录》和行业清洁生产标准中相关的清洁生产技术,提高资源利用率,减少重金属污染物的产生和排放。制定重金属综合利用、节能减排等先进清洁生产技术推广计划,建立清洁生产激励机制,设立引导奖励基金,给予达到国内或国际清洁生产先进水平的重点防控企业适当的经济奖励。

重有色金属矿采选企业应采用适合矿床开采条件的先进采矿方法,使用安全高效、且能耗和物耗较低的新工艺和新技术;尽量使用大型设备,提高采矿成套机械设备的自动化水平;进行技术改造,对凿岩、铲运、放矿、出矿和运输(机车、汽车和皮带)等作业采用湿式作业,减少粉尘的产生量;采取溜井出矿系统和净化措施相结合的方法控制废气中颗粒物的含量。

对于重有色金属冶炼工业，大力推行闪速熔炼、顶吹熔炼、诺兰达熔炼以及具备自主知识产权的白银炉熔炼、合成炉熔炼、底吹熔炼等生产效率高、工艺先进、能耗低、环保达标、资源综合利用效果好的富氧熔池熔炼或富氧漂浮熔炼等炼铜工艺；采用铅锌联合冶炼循环经济产业模式；锡粗炼采用氧气顶吹炉或大型反射炉等先进技术，锡火法精炼采用自动控温电热机械结晶机和真空炉等先进工艺，锡湿法精炼采用电解等先进工艺，同时选用高效节能的整流设备。

二、提高环境监管能力

规范企业环境管理和核查制度。严格执行环境管理制度，强化环境执法监管。将整治重金属违法排污企业作为整治违法排污企业保障人民群众健康环保专项行动的重点。建立重点防控区域定期监测和公告制度，明确大冶市特征污染物，加密重点监控区域的地表水水质断面以及地下水水质、空气质量监测点位，加大监测频次。

严格实施重金属排污许可证管理，加强对污水处理厂出水和污泥、生活垃圾填埋场渗滤液的重金属污染物监测。含重金属废水（包括生活垃圾填埋场的渗滤液）必须在企业车间废水处理设施处理后达标排放，严禁将重金属含量超标的工业废水排入污水处理设施，严禁将含有重金属的工业危险废物混入生活垃圾填埋场处理。杜绝含重金属废水、废气、废渣的违规处理和不达标排放，依法关闭不符合产业政策的重污染企业。对违反建设项目环境管理制度的项目、有环保设施或环保设施不完善、已经造成严重环境危害的项目进行全面清理。实行建设项目环评前置审批，未通过审批的，一律不准开工建设。已建成但无故不正常运行的、不能达标排放的环保设施，依法进行处罚，并限期改正。对建设项目未经环评审批、未经环保"三同时"验收擅自投产的，依法责令停建停产。未按环评批复要求落实环境防护距离内居民搬迁的企业，一律停产整改。

加强对重金属排放企业的监督检查，对不实施清洁生产审核或者虽经审核但未如实报告审核结果的，责令限期改正，对拒不改正的依法予以处罚。定期排查重金属采选企业尾矿库环境隐患，对发现的环境隐患要责令企业及时整治。规范重金属企业经营行为，对将重金属危险废物提供或委托给无资质单位从事经营活动的企业，一律责令停止违法行为，限期改正，依法给予高限处罚；对存在重大环境污染问题、严重影响群众健康的企业，实行挂牌督办，要按照《环境保护违法违纪行为处分暂行规定》（中华人民共和国监察部、中华人民共和国国家环境保护总局令第 10 号）有关规定追究有关责任人员的行政责任，对涉嫌构成犯罪的，依法移交司法机关。

加强监督，进一步规范企业日常环境管理。督促企业制定和完善重金属污染环境应急预案，定期开展培训和应急演练，着力提高重金属企业员工的污染隐患和环境风险防范意识，提高应急处置能力。加强企业物料堆放场、废渣场和排污口管理。加强危险废物环境管理，要求产生危险废物的企业转移危险废物时，必须办理危险废物转移许可证，执行转移联单制度。产生的危险废物必须交由有危险废物处置资质的单位进行处置。规范危险废物收集、利用、处置等经营活动，减少无组织排放。督促企业建立特征污染物日常监测制度，每月向环保部门报告监测结果，当企业产量或者生产原辅料发生变化时，要及时向环保部门报告，抓好日常监控，保证污染治理设施的正常运行。每两个月对重金属排放企业车间（或车间处理设施排放口）、企业排污口及厂界无组织排放情况开展一次监督性监测。在重点区域的重点"涉重"企业，逐步安装重金属污染物在线监测装置并与环保部门联网，实行实时监控、动态管理，确保车间排污口达标。督促企业建立环境信息公开制度，重金属排放企业应当向社会发布年度环境报告书，严格执行公司首次上市或再融资、资本重组环保核查制度。生态环境部门应及时向相关部门通报执法监管、评估结果等有关环境信息。

建立评估体系。编制实施重金属污染健康危害监测规划，开展重点地区的健康检测。对重点防控区域内人群、食品和生活饮用水进行监测，主要监测指标为重金属，并对高风险人群健康进行监测。组织开展环境污染影响健康调查和风险评估，对可能造成的环境污染健康危害进行预警，并提出管理与应对措施。建立农产品安全保障体系。加强重点防控区域内农用地土壤中重金属的监测，掌握污染动态情况，合理划分种植功能区，实施农产品安全分级管理。严格控制食品和饲料中的重金属添加剂。

三、加强源头控制

实施重金属排放总量控制。通过总量控制形成倒逼机制，促使企业转变生产方式。对于企业排放达标、所在区域重金属污染物排放总量超标的，要对可能受污染区域内的居民进行搬迁。由于金属冶炼企业周边农村土壤中重金属污染较严重，利用 3 年（2010～2012 年）时间，对罗家桥街道重污染村庄进行了搬迁，彻底改变村民的生存环境。

加大大冶湖综合整治力度。保证区域内"涉重"企业达标排放，控制外来污染源。通过对入湖港渠和湖区采取岸堤绿化、底泥疏浚、建设生物浮岛及人工湿地等措施，削减内源污染，恢复水体生态系统，改善大冶湖水质。加大对重金属污染重点防控区农用地的综合整治力度。对未污染土壤，从灌溉水、肥料和农药等源头上控制重金属向土壤中的输入。

加强工业园区集中治理。对工业园内同类行业进行整合，集中管理，强化集中治污、深度处理。建设区域性重金属污染防控设施，对罗家桥东西港渠、铜绿山矿区及还地桥镇大部分地区、大冶湖区域等重点防控区域，开展以重金属冶炼业、重金属矿开采业等行业的重金属[如砷（As）、铬（Cr）、镉（Cd）]污染的综合整治。

探索土地用途调整。对重金属排放企业周边地区开展调查和环境风险评估，确定风险等级。根据大冶市土壤污染调查与大冶市农业地质调查成果，科学划定重金属污染区，调整农业生产布局和产业结构。对污染严重（污染物含量超过风险管制值）、短期内难以治理的农用地，不得种植食用农作物，并根据重金属污染防治相关规划和土地利用总体规划，进行种植结构调整，按土地变更调查有关标准和规定，经法定程序调整土地用途。

四、开展污染治理和风险管控

实施重点污染区域修复示范项目，建设重金属污染治理与修复示范工程。在重点防控区域，明确重金属污染责任主体和任务，进行污染评估，将历史遗留重金属污染问题和具有潜在环境危害的重金属排放企业污染治理项目确定为重点治理工程，因地制宜，采用经济高效的修复技术。着重解决受污染的饮用水水源地、重点工矿区、重金属污染地块、重点土壤污染区和重点湖泊河段等对居民生活有重要影响的重金属污染问题，以及环保基础设施落后或建设不完善等引起的历史遗留重金属排放问题。按照"谁污染、谁治理"的原则，对于责任主体明确的历史遗留重金属污染问题，由责任主体负责解决；对于无责任主体的历史遗留重金属污染问题，例如历史堆存铬渣、无主尾矿库和无主"五小企业"，在国家专项资金和地方配套资金的支持下，尽快进行无害化处理或采取相应的修复治理措施和风险管控措施，使其环境隐患得到解决。

第七节　规划组织实施

重金属污染防治规划按程序批准后，大冶市人民政府相关部门要根据规划确定的目标落实到各部门，明确发展和改革、生态环境、财政、经济和信息化、自然资源和规划、农业农村、水利和湖泊、科技、公安和司法等部门各自的任务。各企业需落实主体责任，保障规划的顺利实施。

一、目标责任

依据重金属污染防治目标责任制，大冶市人民政府相关部门一把手亲自抓、负总责的总要求，将规划确定的目标、任务和项目纳入大冶市经济社会发展规划，逐条分解到年度，落实到部门，以年度计划的执行来推动规划的实施，以部门任务的完成来保证总体规划的推进。建立考核制度和问责制，并定期公布考核结果。

大冶市各部门要按照职能分工，认真履行职责，加强协调配合，制定相关配套政策措施和落实意见，建立部门联动制度。定期交流和汇报各部门涉及环保方面的工作，保障重金属污染综合防治项目实施进度。定期开展现场调研，总结和解决环保工作在落实过程中遇到的困难和问题。实行大冶市重大环境行动和突发事件应急行动联动机制。

二、落实部门责任

为切实加强重金属污染综合防治，大冶市政府和相关委办局领导应组建综合协调委员会。发展和改革部门负责统筹协调项目开发、规划编制、政策研究；生态环境部门负责规划、项目的技术业务指导，牵头做好矿冶区污染地块综合治理方案，负责相关配套政策研究等；财政部门负责项目配套资金、支持政策研究以及保障工作经费；经济和信息化部门负责提出涉重企业的空间布局、产业结构调整方向、任务、措施，尤其是涉重金属企业的关停、淘汰、搬迁、整合升级意见及相关配套政策研究；自然资源和规划部门负责提出涉重金属污染企业搬迁后的选址问题，科学规划好产业发展空间，做好重金属污染土地的整体规划及申报工作，研究重金属污染土地变性相关政策，并申请争取土地变性指标；农业农村部门负责完成全市农用地土壤重金属污染现状和农产品重金属超标现状的详细调查，提出具体的安全利用和修复方案并组织实施，提出农产品产地安全分类和农产品产业结构调整方案，配合做好污染土地用途的调整工作；水利和湖泊部门负责研究提出饮用水安全保障管理制度，确保流域饮用水安全等方面政策资金方案；科技部门负责提供重金属污染治理科技支撑，研究提出治理技术路线，组织开展底泥治理、土壤修复等方面的科技攻关；市公安局、司法局负责项目实施阶段治安保障和司法援助。

生态环境部门将会同有关部门建立部门联动机制，研究制定规划实施情况考核办法，明确地方政府相关部门责任，统筹推进规划实施。对规划实施达不到要求的相关部门，要严肃追究有关人员的责任。应把重金属污染防治成效纳入经济社会发展综合评价体系，并作为政府领导干部综合考核评价和企业负责人业绩考核的重要内容。有关部门要各司其职，密切配合，共同落实规划任务，做好各自领域的重金属污染防治工作。市发展和改革部门和生态环境部门要对规划实施情况进行监督和评估考核，特别要加强对规划的重要目标和难点目标进行监测、对重点项目的进展跟踪。加强规划的中期评估，对发生重大变化的情况，及时对规划做出调整和修订，报有关部门批准执行。规划实施过程中，各有关部门应明确规划实施责任，落实规划确定的指标和主要任务；制定并完善规划绩效评价考核体系和具体考核办法，强化综合评价考核；对规划执行情况进行中期评估和终期考核，评估和考核结果向社会公布。

三、落实企业责任

各级监督管理部门应加强执法检查，督促企业落实主体责任，建设和维护污染治理设施，加强环境管理和监测，积极开展清洁生产，采用先进适用技术，确保污染物达标排放。按照相关产业政策和环保要求，按时完成落后产能淘汰任务，安全处置含重金属污染物的废弃物，有效防范污染地块环境风险。

重金属排放企业要安装特征污染物在线监测装置，并与生态环境部门联网。环保部门应对重金属排放企业排污口、无组织排放情况，每两个月开展一次监督性监测。建立重金属排放企业环保监督员制度。

第八节　规划政策保障

《国务院关于加强环境保护重点工作的意见》（国发〔2011〕35 号）提出要切实加强重金属污染防治。对重点防控的重金属污染地区、行业和企业进行集中治理。合理调整"涉重"企业布局，严格落实卫生防护距离，坚决禁止在重点防控区域新改扩建增加重金属污染物排放总量的项目。加强排放重金属相关企业的环境监管，确保达标排放。积极妥善处理重金属污染历史遗留问题。因此，应不断充实和完善各项法规制度，做好环境保护涉重金属的法规的动态建设，以做到有法可依、依法行政、违法必究，使大冶市重金属污染治理工作走上法制化、规范化的轨道。

一、建立综合决策机制

完善环境与发展综合决策机制，构建环保大格局。强化环境保护在综合决策中的引导和约束作用，从决策源头防止污染环境和破坏生态。提高环境信息透明度，扩大公众参与范畴，形成全社会对环境法规和管理制度的监督机制。加强经济社会发展与环境保护内在机制的研究，建立完善环境形势分析部门会商机制和专家座谈机制。

落实科学发展观，树立正确的政绩观，强化各级政府对本地区环境质量负责的意识，把环境质量考核纳入政府的政绩考核体系。进一步完善党政干部环保目标责任制管理制度，把确保各项环境保护管理目标的实现作为考核领导干部政绩的主要指标之一。进一步完善考核制度和奖惩措施，建立各级主要领导干部离任环境保护审计制度，实施行政责任追究、环境保护问责和行政监察制度。

建立以党委领导、政府主导、部门各尽其责、全社会齐抓共管的环境保护新局面，形成有利于资源可持续利用、环境友好、生态文明的环境管理体制机制。

二、加强环境法制建设

强化环境法制建设，严格环境执法。加强环境监察、环境监测、重金属污染物总量控制、环境信息公众参与制度、环境污染事故预防控制与应急处理等方面的政策研究、制度建设和地方立法工作。实施建设项目环境保护的全过程监督。重视用法律法规、行政规章等手段加强对企业重金属排放的全面管理，制定和实施重金属污染物减量化、资源化、无害化处置等方面的法规、规章和标准，逐步覆盖有色金属矿采选业、有色金属冶炼等涉重行业，依法规范政府的管理行为、企事业单位的经营行为和市民的消费行为。

1）完善地方性法规体系。根据大冶市重金属产生、排放及分布的特征，研究制定大气污染防治地方性法规，配套出台农用地土壤及污染地块污染防治法、重金属污染防治条例、有毒有害化学品管理办法、环境污染损害赔偿办法等涉及重金属污染防治方面的地方性法规。

2）健全重金属污染物地方排放标准和技术规范。结合国家重金属污染防治技术政策和工程技术规范，健全大冶市重金属污染物排放地方标准和技术规范，进一步完善环境与健康评估办法和技术规范。

3）探索土地用途调整政策。对重金属排放企业周边土地进行环境风险评估，确定风险等级。受重金属污染严重、短期内又难以治理的农用地土壤，不得种植可食用农作物，并严格按照有关规定进行变更、调整土地用途，试点探索土地置换。

4）"十三五"期间，对所有重点行业、建设项目逐步推行施工期间环境保护监理制度。将工程施工期环境保护监理工作纳入工程监理范畴，将工程环境保护监理总结报告作为工程环境保护竣工验收的必备文件之一。

5）进一步完善建设项目竣工验收办法，实施竣工验收公示制度，充分发挥社会公众的监督作用。加强建设项目环境保护的监察工作。建立完善的环评后评估机制，对环境有影响或重要影响的规划实施后，以及重污染行业或对环境影响较大的建设项目运行后，相关管理部门应组织有关环评编制机构对规划实施或建设项目运行后产生的环境影响进行跟踪评价，并对其产生的不良影响及时提出纠正和预防措施。

6）加强对重金属重点污染企业的环境监管，重点案件实行领导负责制、领导信访接待制。严厉查处擅自拆除或闲置污染治理设施、偷排污染物等行为。建立举报、信访、稽查"三位一体"的环境污染举报应急查办体系，对典型问题挂牌督办，联合新闻媒体公开曝光。

三、加大环保投入

多渠道增加环保投入，强化大冶市政府环保投入的主体地位，不断提高财政预算中重金属污染防治的投入比重。加强政府融资平台建设，采取多方式、利用多渠道筹措资金，构建环保支出与国内生产总值（GDP）、财政收入增长的联动机制，引导和鼓励银行、企业和社会投资，稳步提升环境保护投资强度。加大科研投入，推动发展环境保护科技服务业。

政府设立重金属污染治理专项基金。基金设立以项目为支撑，切实增加重金属污染综合防治项目的资金投入，将治理资金列入本市财政预算，并保持每年按一定比例增长。编制重金属污染综合防治重点项目年度投资计划，将重点项目优先纳入经济社会发展规划和财政预算。足额安排新建、扩建、改建项目的环境污染治理资金，加大资金扶持力度，对于矿山、土地、水资源环境保护及"涉重"企业污染防治予以支持；对于重点项目，地方财政区别类型视情况给予适当支持，通过"以奖促治""以奖代补"等方式，带动企业和社会投入。

建立政府、企业、社会多元化投入机制，拓宽融资渠道，落实规划资金。资金投入以企业为主，有关污染治理企业要落实治理责任，积极筹措治理资金。充分利用现有资金渠道，加大政府投入，支持淘汰落后产能项目、重金属减排工程项目、重金属污染物污染防治监管、历史遗留重金属污染物和污染地块治理、调查评估、能力建设、政策标准体系完善、监测、宣传等。

开展环境经济政策，坚持环境优先，推进绿色经济、循环经济、低碳经济快速发展的政策研究与技术创新。开展污染补偿、生态补偿和赔偿、排污权交易、环境污染责任保险等环境经济政策研究，条件成熟后开展试点工作。继续推进绿色信贷等试点工作。

四、加大环保科研力度

加强环保科研，充分发挥科技对环保工作的支撑和保障作用。针对大冶市的环境特点和环境管理的需求，重点开展环境保护体制、机制、环境经济政策、区域和流域环境容量和环境承载力、治理等方面的研究和技术应用。

支持和鼓励有利于环境保护的技术应用和产业发展。积极开展以环境影响评价、环境技术研发与咨询、环境工程服务、环境风险管理为重点的环境科技咨询服务，带动环境保护科技服务业发展。

加强与国内、国际有关科研机构的联系，加快引进、消化、吸收国外先进的管理经验，以及污染源治理技术、风险评估技术、修复治理技术和治理工程设备，尤其是土壤修复技术、水环境综合治理技术和水资源保护、矿山污染治理及生态修复技术、生态环境质量监测和预警技术等环境高新技术。对引进的技术，在消化吸收的基础上，进行二次开发。积极对外交流和研讨，形成良性循环，提高环境与健康风险评估能力，增强对高风险人群的诊疗能力和技术水平。鼓励发展重金属污染治理技术和设备，鼓励重金属排放企业委托专业化公司承担污染治理或设施运营，不断推动重金属污染治理环保产业的发展。

依托国家、省级及市级地方的相关高校和科研院所，建立特色化的地方科研基地，开展大冶市重金属污染综合防治科技工作，推进产学研结合，满足大冶生态建设的需要。重点研究重金属迁移、转化和毒害机理，研发农用地土壤和污染地块修复、重金属污染在线监测和重金属清洁生产等方面的技术。

五、推进信息公开和公众参与

1）大力开展科普教育工作。收集、整理和编写重金属健康危害的科普宣传材料。采取通俗易懂的方式，利用图片、视频和文字等，通过广播、电视、报刊、互联网等新闻媒体，宣传重金属危害、预防、控制、治疗和愈后防护等方面的知识。积极引导广大群众了解重金属污染防治有关知识，增强保护意识。

2）建立企业环境信息公开制度。重金属排放企业应严格按照有关规定，建立特征污染物日常监测报告制度。在车间或生产设施废水排放口对重金属等污染物排放进行监控，每月向当地生态环境部门报告监测结果，并向社会公布。

3）鼓励公众参与，加强媒体曝光社会监督。实施有奖举报，表彰重金属综合防治先进典型，揭露违法行为，使重金属污染综合防治工作深入人心，成为广大企业的自觉行为。

第六章　土壤污染综合防治

第一节　污染源控制与管理

一、工矿企业污染控制

严格工矿企业环境准入，防止新建项目对土壤环境造成污染。禁止在铜绿山矿区和还地桥镇大部分地区等重金属污染防控重点区域、重要生态功能区和农产品产地等区域新建涉重金属排放项目，提高大冶市有色金属采矿、选矿、冶炼、医药和水泥等行业环境准入门槛。在土地规划和土地利用过程中，必须进行土壤环境影响评价，按照"不欠新账、多还旧账"的原则，严格执行国家、湖北省规划环评和项目环境影响评价的有关政策。在涉及排放重金属、持久性有机污染物的建设项目环境影响评价和规划环境影响评价文件中强化土壤环境影响评价的内容，提出防范土壤污染的具体措施，防止在产业结构和布局调整过程中造成新的土壤污染。在各工矿企业中推广"清洁生产技术"，从源头上减少污染物的产生和排放。

加强工矿企业日常的土壤环境监管。对影响集中式饮用水源地或优质粮油生产区土壤环境质量的工矿企业，要严格按照产污强度和安全防护距离要求，实施淘汰和退出制度。各镇（乡、街道）要开展排放重金属和持久性有机污染物工矿企业的排查工作，排查各类小矿山、小冶金、小煤矿、小水泥、小化工等不符合行业准入条件的企业，防止"死灰复燃"；对符合准入条件的涉排放重金属和持久性有机污染物的现有企业，应通过排查掌握其特征污染物、排放方式、排放量、扩散途径以及敏感目标等，建立重点监管企业管理信息系统及清单，进行动态更新，并向社会公开。列入名单的企业每年要自行对其用地进行土壤环境监测，结果向社会公开。各镇（乡、街道）环境保护部门要定期对重点监管企业和工业园区周边开展监测，每年至少监测一次，监测数据及时上传至市环境信息化管理平台。到 2020 年，各镇（乡、街道）要完成重点监管企业管理信息系统的建立，通过环保验收并正式投入生产的建设项目应及时纳入管理系统，已经淘汰、关停的企业应定期注销；企业生产、日常环境管理、清洁生产、治理设施运行情况、在线自动监测装置安装及联网情况、监测数据、污染事故、环境应急预案等情况要纳入管理信息系统，实施综合分析、动态管理。

严格环境执法，加大执法力度，促进污染源稳定达标排放。全面实施涉重金属、持久性有机污染物排放企业的环境监督员制度，加大对重点防控企业的监督检查力度。建立涉重金属、持久性有机污染物排放企业的监督性监测和检查制度。要着力提高涉重金属、持久性有机污染物相关企业员工的污染隐患和环境风险防范意识，制定并完善环境应急预案，定期开展培训和应急演练。以大冶城西北工业园等区域为重点，建立企业环境信息披露制度，每年向社会发布企业年度环境报告，公布涉重金属、持久性有机污染物排放和环境管理等情况，接受社会监督。

以大冶市矿产资源丰富的地区为重点，继续开展严厉打击非法炼铜、土法炼金等非法冶炼活动。要建立由公安、生态环境、商务、电力、自然资源和规划等部门参加的联合巡查制度，不定期对大冶市非法冶炼高发的农村居民点、乡村进行巡查，并接受群众举报。一旦发现非法冶炼活动，应采取关闭和拆除关键生产设备等取缔措施，并按照"两高"司法解释及环境保护法中办理环境污染刑事案件适用法律的有关要求，追究非法冶炼者的刑事责任。

根据《企业拆除活动污染防治技术规定（试行）》（中华人民共和国环境保护部公告2017年第78号）等文件，规范转产、搬迁、关闭企业生产设施设备的拆除活动，防止因不当拆除导致有毒有害物质泄漏、遗撒和扬散污染环境。结合"退二进三"[即调整城市市区用地结构，减少工业企业用地比重，提高服务业用地比重，依据《国务院办公厅转发国家计委关于"十五"期间加快发展服务业若干政策措施意见的通知》（国办发〔2001〕98号）]、淘汰落后工业产能等政策实施，在工矿企业关闭过程中，要规范企业生产设施设备的拆除活动，提前制定残留污染物清理和安全处置方案，并报所在地县级生态环境、经济和信息化部门备案，防止因不当拆除导致有毒有害物质泄漏、遗撒和扬散污染环境。对历史遗留和已关闭的工矿企业区域内和周边土壤、水、气环境，每半年进行一次勘察或监测，对于污染物仍在向周边环境迁移的，要采取必要措施，防止土壤污染。

工业污染防治要协同推进水、大气、土壤环境保护和污染治理。禁止采用土地处理系统处理含重金属等有毒有害物质的工业废水。处理处置废气、废水过程中产生的固体废物和危险废物，不得随意堆放或倾倒，必须交由有资质的单位处理处置，并做好记录，防止污染土壤。对全市重点监管名单中的企业，要依法实施强制性清洁生产审核，每两年完成一轮强制性清洁生产审核和评估验收，到2020年底，涉重金属重点行业企业制定清洁生产技术推行方案比例达到80%以上。大力推广安全高效、能耗物耗低、环保达标、资源综合利用效果好的先进生产工艺，强化从源头防控土壤污染这一举措。

加强对历史遗留尾矿库的再开发利用，有计划、分步骤地开发整治历史遗留尾矿库和地质灾害隐患区，及时、全面整治新增尾矿库，恢复尾矿库和地质灾害隐患区的生态功能。重点治理大冶铜绿山铜铁矿矿区、铜山口至大广山铜铁矿矿区、金山店铁矿矿区、灵乡铁矿矿区、大冶秀山及株树煤矿矿区等矿山环境问题，以及对生态环境、工农业生产和经济发展造成较大影响的区域。加强对矿山资源开发中土地开发利用的监管，进一步完善矿山环境治理和环境恢复责任机制、矿山环境恢复补偿制度、矿山环境保护管理体系与监测网络，建立健全矿山生态环境恢复保证金制度，强化矿区生态环境保护监督。

二、工业废物处理处置

大冶市各镇（乡、街道）人民政府应当建立和完善环境保护目标责任制，将工业固体废物污染环境防治工作纳入环境保护年度目标管理，并作为政府主要负责人政绩考核的重要内容。开展尾矿、冶炼废渣、粉煤灰和炉渣等工业固体废物贮存场所及历史遗留危险废物堆放场所的资料收集和现场踏勘工作，制定综合整治方案，并逐步完成排查工作。

对于排查中发现的非正规工业固体废物或危险废物贮存场所，要责令有关企业完善防雨淋、扬散、泄漏和流失等环境污染防治措施，建设导流渠、渗滤液收集池等设施，防止固体废物或危险废物对周边土壤、水体和大气造成污染，同时开展周边农用地土壤环境质量监测。造成土壤污染的企业，要承担土壤污染治理与修复责任。对于正规工业固体废物或危险废物处理处置场所，要建立堆放场定期检查维护制度，定期巡查护堤、护坝、导流渠、渗滤液收集池等设施，发现问题应及时采取必要处理措施，以保障堆存场的正常运行。

企事业单位应当合理选择和利用原材料、能源和其他资源，采用先进的生产工艺和设备，减少尾矿、粉煤灰和冶炼废渣等工业固体废物的产生量，减少工业固体废物对环境的危害。推广固体废物资源综合利用先进适用技术，提高综合利用水平，减少土地占用和二次污染。规范污水处理厂污泥处理处置，各污水处理厂要建立污泥去向全程跟踪制度，建立污泥中重金属、持久性有机污染物的例行监测制度，完善污泥处理处置体系。

三、农业生产过程监管

大冶市农业和生态环境等相关部门应加强化肥质量和施用量控制，禁止登记、生产、销售和使用有毒有害物质超标的肥料。全面推广氮肥深施、测土配方施肥和分段施肥等科学施肥技术。严格执行国家有关农药使用的管理规定，禁止高毒、高残留、重金属含量高的农药的生产、销售和使用。建立并落实生产者责任延伸制度，建立废弃农药包装回收和安全处理处置的激励机制。在大冶市优质稻基地和"双低"油菜生产基地，以及大箕铺镇等地的蔬菜基地建设废弃农药包装收储场所和无害化处理处置设施。到 2020年，全市主要农作物种植使用的化肥和农药使用量下降比例达到 5%以上，利用率提高到 40%以上，测土配方施肥技术推广覆盖率提高到 90%以上。

推广加厚或可降解地膜，严厉打击违法生产和销售不合格农膜的行为。在大冶市开展农用地残膜回收试点，支持建立一批残膜回收利用加工企业，逐步形成"农户收集、网点回收、企业加工"的残膜回收利用体系。

各镇（乡、街道）要加强灌溉水水质管理，定期开展灌溉水水质监测，重金属等污染物含量符合《农田灌溉水质标准》（GB 5084—2005）规定的灌溉用水方可对农田进行灌溉。对于基本农田区和蔬菜生产基地，若发现灌溉水污染，要及时对灌溉水进行处理或采用新的灌溉水源，并种植低累积作物，避免土壤污染问题加重、威胁农产品质量安全和人体健康。

全面落实《畜禽规模养殖污染防治条例》（中华人民共和国国务院令第 643 号），开展畜禽养殖污染防治工作。严格控制饲料中砷（As）、铜（Cu）、锌（Zn）等重金属污染物的添加量。鼓励养殖专业化和散养户集中养殖集中治理，促使散养向大冶市的养殖基地集中。加快建设规模化畜禽养殖沼气工程和粪便资源化利用工程，重点抓好大冶市毛铺金源养殖专业合作社肥牛养殖基地、大冶市茂发畜牧有限公司等，以及一些沼气发电工程和粪便综合治理工程。规模化畜禽养殖场、养殖小区和畜禽粪便集中处理场所要配套完善固体废物和污水贮存处理设施，并保证设施正常运行；采取有效的防渗措施，防止造成土壤污染，到 2020 年，规模化养殖场、养殖小区配套建设废弃物处理设施比例达到85%以上。

四、生活垃圾日常监管

建立政府、社区、企业和居民协调机制，通过分类投放、综合循环利用，促进垃圾减量化、资源化、无害化。市级人民政府是农村生活污染处理处置设施规划和建设的责任主体，乡镇政府和村民委员会负责农村生活污染防治工作的具体组织实施；鼓励村民自治组织在镇（乡、街道）人民政府的指导下进行生活污染处理处置设施的建设和日常管理工作。

建立村庄保洁制度。鼓励生活垃圾分类收集，设置垃圾分类收集容器，尤其对于厨余垃圾，需要单独收集处理。对金属、玻璃、塑料、废纸等垃圾进行回收利用；危险废物应单独收集处理处置。禁止农村垃圾随意丢弃、堆放、焚烧。城镇周边和环境敏感区的农村，在分类收集、减量化的基础上可通过"户分类、村收集、镇转运、县市处理"的城乡一体化模式处理处置生活垃圾。采用分散处理为主、分散处理与集中处理相结合的原则，对粪便和生活杂排水实行分离并进行处理，实现粪便和污水的无害化和资源化利用。农村雨水宜利用边沟和自然沟渠等进行收集和排放，通过坑塘、洼地等地表水体或自然入渗进入当地水循环系统，鼓励将处理后的雨水用于农田灌溉等举措。

深入实施"以奖促治"政策，对地域空间上相对聚集在一起的多个村庄，实施同步、集中整治的治理方式，对农村生活污水处理、生活垃圾处理、畜禽养殖治理实行连片整治政策。对地域空间相连的多个村庄，通过采取污染防治措施，实施综合治理；围绕解决同类环境问题或保护相同环境敏感目标时，对地域上不相连的多个村庄进行同步治理；通过建设集中的大型污染防治设施，利用其服务功能的辐射作用，解决周边村庄的环境问题。

第二节　农用地污染土壤安全利用与严格管控

土壤环境保护事关广大人民群众"菜篮子""米袋子""水缸子"的安全,事关农产品质量安全和人体健康。良好的土壤环境是农产品安全的首要保障。耕地、牧草地等农用地土壤环境质量的好坏直接关系农产品产量、质量和公众健康,切实保护耕地和牧草地等农用地土壤环境质量是当前和今后一个时期内土壤环境保护工作的重中之重。

很早之前,欧美等发达国家很少关注土壤污染问题。随着各种污染事件的发生,土壤污染问题开始受到关注。欧美国家在 20 世纪 50 年代开始注重重金属污染土壤修复与生态恢复方面的研究,在重金属污染土壤的物理、化学、植物和微生物修复技术等方面陆续取得了显著进展,部分技术已经实现商业化应用,并取得了明显成效。一般来说,有毒重金属在土壤系统中的污染过程具有隐蔽性、长期性和不可逆性的特点。土壤一旦遭到重金属污染,治理非常困难,且治理价格十分昂贵。根据欧美等发达国家的经验,土壤保护成本、土地可持续管理成本、场地修复成本以 1∶10∶100 的关系增长,因此,重视土壤环境保护是土壤环境管理成本最低的措施。

一、农用地安全利用

1. 农用地土壤质量类别划分

农用地安全利用的总体思路是"分类管理、安全利用"。在推进农用地安全利用过程中,主要由农业农村部门牵头,生态环境、自然资源等部门参与。2017 年 9 月,环境保护部(现生态环境部)和农业部(现农业农村部)发布了《农用地土壤环境管理办法(试行)》(中华人民共和国环境保护部、中华人民共和国农业部令第 46 号),提出对农用地进行分类管理。根据土壤污染程度、农产品质量情况,开展农用地土壤环境质量类别的划分工作,将农用地划分为优先保护类、安全利用类和严格管控类。《土壤环境质量 农用地土壤污染风险管控标准(试行)》(GB 15618—2018)提出了农用地土壤污染风险筛选值和管制值,当土壤中污染物含量超过筛选值时,可能存在土壤污染风险,应当加强土壤环境监测和农产品协同监测,原则上应当采取安全利用措施。2018 年 8 月颁布的《中华人民共和国土壤污染防治法》,要求对农用地进行分类管理,分别采取不同的措施,为我国开展土壤防治工作、扎实推进"净土保卫战"提供了法制保障。

大冶市各镇(乡、街道)人民政府根据土壤污染状况详查结果,开展不同类型农用地(包括耕地、园地、牧草地)土壤和农产品协同监测与评价。根据环境保护部(现生态环境部)和农业部(现农业农村部)发布的《农用地土壤环境质量类别划分技术指南(试行)》(环办土壤〔2017〕97 号),并结合当地实际情况,各镇(乡、街道)人民政府要对本辖区农用地进行类别划定,并建立分类清单。通过资源整合,建立土壤环境和农产品质量综合数据库。划定结果数据上传大冶市土壤环境信息化管理平台,定期对各类别农用地面积、分布等信息进行更新。

根据土壤环境质量状况,将耕地土壤环境质量分为三个类别:优先保护类、安全利用类和严格管控类。对优先保护类农用地实行严格保护。各地要建立严格的农用地土壤环境保护制度、考核办法和奖惩机制,确保其质量不下降、面积不减少。对受污染的农用地,采取农艺调控、种植结构调整、治理与修复等措施,确保受污染农用地得到安全利用。开展受污染农用地土壤治理与修复,主要包括根据土壤和农产品污染状况,制定土壤安全利用、污染治理与修复专项规划,完成湖北省人民政府下达的受污染农用地治理与修复面积任务。

在农用地土壤环境质量类别划分过程中,主要根据调查区域内土壤中重金属等污染物的含量和《土壤环境质量 农用地土壤污染风险管控标准(试行)》(GB 15618—2018)中规定的含量限值之间的关系,同时兼顾区域内农产品中重金属的超标情况,将区域内农用地土壤划分为优先保护类、安全利用类(I类、II类和III类)和严格管控类三个大类,分别采用对应的措施。

例如,在大冶市某农用地污染修复项目中,根据调查结果可知土壤中的主要污染物为镉(Cd),基于土壤中镉(Cd)的含量,同时结合区域内农产品可食部位中镉(Cd)的超标情况,将调查范围内的农用地划分为优先保护类、安全利用类和严格管控类。对于其中的安全利用类农用地,一般根据土壤中关注污染物的含量与对应筛选值的比值(P_n),可将安全利用类农用地土壤划分为安全利用 I 类、II 类和 III 类(表 6-1)。农用地安全利用方案一般包括农产品日常监测、替代种植、农艺调控、土壤钝化和土壤修复等。针对其中的安全利用 I 类和安全利用 II 类区域,分别采取农产品日常监测和替代种植等技术,而对于安全利用 III 类区域,则采用钝化修复和土壤修复等技术。

表 6-1 农用地土壤安全利用技术分类

序号	污染指数(P_n)	质量类别	安全利用方案
1	$1 < P_n \leq 2$	安全利用 I 类	农产品日常监测等
2	$2 < P_n \leq 3$	安全利用 II 类	替代种植、农艺调控等
3	$3 < P_n \leq 5$	安全利用 III 类	农艺调控、土壤钝化和土壤修复等

2. 保护未受污染农用地

加强对优先保护类农用地的保护力度。要建立严格的农用地土壤环境保护制度、考核办法和奖惩机制。根据优先保护类农用地周边环境特征、污染源类型及分布情况,制定并实行严格的土壤环境保护措施。要将符合条件的优先保护类耕地划为永久基本农田,严格工矿企业环境准入,加大周边地区工矿污染治理力度,规范区域集中治污设施建设及运营管理，强化农业生产过程环境监管，确保其质量不下降、面积不减少。在基本农田集中区、100 亩以上的连片蔬菜基地、1000 亩以上的连片油茶基地、"双低"油菜（菜油中芥酸含量低于 3%、菜饼中硫代葡萄糖甙含量低于 30μmol/g 的油菜品种）基地等农产品主产区，要根据优先保护类耕地保护工作需要，在其周边划出一定范围的防护区域，具体范围由镇（乡、街道）人民政府确定并公告。防护区域内禁止新建有色金属、皮革制品、采矿、选矿、冶炼、化工、医药行业和铅酸蓄电池、电镀等企业。已建和在建的项目，由县级以上人民政府责令企业拆除设施设备，或引导企业搬迁至符合条件的工业园区。

按照国家有关技术规程，以镇（乡、街道）为考核单元，依据土壤环境质量监测结果，由大冶市人民政府组织开展辖区内优先保护类农用地土壤环境保护成效评估和考核。依据评估和考核结果，对土壤环境保护措施落实到位、土壤环境质量得到有效保护和改善的地区，实行土壤环境保护补偿政策，主要支持工矿污染整治、农业污染源治理、土壤环境监控等；对未落实优先区域土壤环境保护要求、造成土壤环境质量明显下降的地区，实施区域限批等措施，暂停审批该地区除民生工程、节能减排、生态环境保护和基础设施建设以外的项目，追究有关领导责任，推动地方政府切实履行土壤环境保护职责。

优先保护类农用地种植过程中，对化肥、有机肥、农药和灌溉水中的重金属等污染物进行监测，确保其含量满足国家相关标准规定的含量限值，防止对优先保护类农用地造成污染。

市级人民政府是土壤环境保护的责任主体，要把土壤环境质量下降作为刚性约束条件，严格执行用途管制、开发方式限制等管控制度，确保土壤环境质量不下降。例如，以 5 万亩优质蔬菜基地、5 万亩油茶基地、5 万亩"双低"油菜基地、10 万亩优质稻基地等区域为核心，各镇（乡、街道）人民政府要将蔬菜基地和粮食主产区等重点区域的土壤环境质量不下降作为土壤环境管控目标。

强化土壤环境优化空间布局和产业结构的作用，在编制和修订市级国民经济和社会发展规划、城乡规划、土地利用总体规划时，要充分考虑区域土壤环境质量状况和环境承载能力，明确产业发展、城镇建设、生态保护用地的土壤环境质量要求和控制目标，建立有利于土壤环境保护的空间格局。

严格执行国家产业结构调整的有关规定，加快淘汰有色金属冶炼、采矿、选矿等涉重金属、持久性有机污染物的落后产能和工艺设备。对在学校、医院等人口集中活动场所以及集中式饮用水水源地、风景名胜区、自然保护区、特色农产品生产区域等周边，排放重金属、持久性有机污染物对农用地土壤造成污染的工矿企业，督促其限期完成转型升级。对逾期未完成转型升级改造的，要依法实施强制退出并搬迁。

3. 受污染农用地安全利用

对于大冶市的安全利用类农用地，各镇（乡、街道）要采取严格环境准入、阻断土壤污染来源等措施，防止土壤污染加重。开展土壤环境质量监测和农产品日常监测，及时掌握土壤环境质量和农产品质量状况。对于污染程度相对较轻的农用地，可种植一些重金属吸收能力较低的低累积作物，或者通过对农用地实施水分管理、施肥调控、钝化修复和植物修复等措施，降低重金属生物有效性或总量，减少重金属从土壤向农作物中的转移。定期对当地农民、农村合作社进行技术指导和培训，提高当地农户对受污染农用地安全利用技术应用的接受度。综合考虑土壤污染程度和农产品超标情况，以农用地为重点，按照"边生产、边修复"的原则，根据经济技术条件逐步开展农用地污染土壤的治理与修复，促进受污染农用地的安全利用。

不同重金属污染物的化学性质差异较大，在土壤中的环境行为也有所不同，因此降低其活性或进行提取时所采用的方法和材料也不同。大冶市常见的针对不同重金属污染物的农用地安全利用措施见表 6-2。

表 6-2　大冶市常见的针对不同重金属污染物的农用地安全利用措施

污染物	安全利用措施
砷（As）	可采取硫酸亚铁/硫酸铁与石灰一起施用的措施来降低土壤中砷（As）的移动性和生物有效性。另外，可施加一定量的磷肥，从而减少砷（As）污染的酸性紫色土中水稻对砷（As）的吸收，但过量的磷肥会造成面源污染，建议选择最佳磷砷比（P/As≥4）可最大限度地减轻对水稻的毒害。针对小面积水田，在当地政策允许的条件下，可采用水田改旱地的种植模式，如种植相对安全的玉米、果树等植物。针对水土流失严重的农用地，应采取先覆土后种植的模式。在重度污染的农用地中，应采取种植生长快且适应性强的超富集植物来减少砷（As）的迁移，同时逐年降低砷（As）的污染程度，如种植蜈蚣草，适当增加蜈蚣草的收获次数可以提高砷（As）的修复效率
镉（Cd）	在中轻度污染的农用地时，应避免施用过量的酸性肥料，如尿素、氯化铵、普钙。在农作物生长时期，可在作物茎叶表面喷施硒肥、锌肥或硅肥等微量元素肥料，产生抑制或拮抗作用，降低农作物对镉（Cd）的吸收累积。植物对镉（Cd）的累积量与植物的生长期有关，如水稻全育期淹水，可显著降低土壤中镉（Cd）的有效态含量，降低稻米中镉（Cd）的吸收和累积。向镉（Cd）污染土壤中施用有机肥，可促进土壤中的重金属离子与其形成重金属有机络合物，增加土壤对重金属的吸附力，提高土壤对重金属的缓冲性，从而减少植物对重金属的吸收。但是利用有机肥改良土壤存在一定的风险，主要是由于有机肥在矿化过程中分解出的小分子量有机酸和腐殖酸组分对土壤中的重金属起到了活化作用。因此，必须合理施用有机肥，防止二次污染等问题
砷（As）、铅（Pb）、锌（Zn）	对于中轻度污染的农用地，可采取适量施加硅酸钙的措施来降低复合重金属的水溶交换态，从而降低土壤中复合重金属的活性，降低农产品的超标风险。种植对重金属复合污染抗逆境能力强、富集力强、生长迅速、繁殖能力强、根系庞大、生物产量高且不进入食物链的经济作物，例如苎麻。农作物收割后，应将收获物转移到其他地方进行集中安全处理处置，避免造成二次污染。对于污染较重的农用地，例如尾矿砂污染的农用地，可采用"'石灰—氢氧化钠—蚕沙'改良土壤后种草养牛"的生产利用模式
砷（As）、镉（Cd）、铜（Cu）、铅（Pb）、锌（Zn）	镉（Cd）、砷（As）重金属复合污染农用地治理时需要统筹考虑，以免在降低镉（Cd）污染的同时，却增加了砷（As）污染，应种植桑树、蜈蚣草、皇竹草、商陆、甘蔗、龙葵、苎麻、棉花、银杏等，这些植物均对重金属复合污染土壤具有一定的修复效果，且适合种植于大冶地区

《农用地土壤环境管理办法（试行）》指出，对需要采取治理与修复工程措施的安全利用类或者严格管控类耕地，应当优先采取不影响农业生产、不降低土壤生产功能的生物修复措施，或辅助采取物理、化学治理与修复措施。另外，对于严格管控类耕地，主要采取种植结构调整或者按照国家计划经批准后进行退耕还林还草等风险管控措施。

《中华人民共和国土壤污染防治法》中规定，对产出的农产品污染物含量超标，需要实施修复的农用地地块，土壤污染责任人应当编制修复方案，报地方人民政府农业农村、林业草原主管部门备案并实施。修复方案应当包括地下水污染防治的内容。修复活动应当优先采取不影响农业生产、不降低土壤生产功能的生物修复措施，阻断或者减少污染物进入农作物食用部分，确保农产品质量安全。

农用地污染土壤常见的修复治理技术主要包括客土法、换土法、淋洗技术、钝化修复、植物修复技术和电动修复技术等。对于重金属污染农用地土壤，主要采用总量削减和有效态含量降低的修复治理技术，降低污染土壤中的重金属总量和有效态含量，减少作物对重金属的吸收，实现安全种植。

在大冶市的农用地污染土壤修复项目中，对于其中的安全利用 III 类和部分严格管控类区域，一般采用农艺调控、钝化修复技术和植物修复技术；在大部分严格管控类区域，一般采用种植结构调整、退耕还林还草等措施，但是由于部分区域土壤中重金属含量较高，不利于苗木和草等植物的生长，同时也需考虑当地农户的意愿，在实际工程中也可辅助采用钝化技术。另外，在一些地区很难开展退耕还林还草等，可采取翻土置换-钝化联合修复等技术对土壤进行修复，再种植低积累作物或经济作物，在控制土壤污染的同时，也在一定程度上保障农户的收益。土壤修复项目的实施可有效减少污染土壤中重金属向农作物可食用部分的迁移，形成典型矿冶区重金属污染土壤的示范技术，可为将来解决大冶市重金属污染问题提供技术探索和良好的示范作用，同时可为国家及当地政府节省资源、低成本解决土壤重金属防治问题提供借鉴。

对于受污染的农用地土壤而言，修复后的土壤应尽量恢复土壤本身的功能，只有恢复了土壤的生态功能，才能继续用于农业生产。针对工程物理修复技术、化学修复技术、微生物修复技术和植物修复技术的不同特点，笔者参考国际上常用修复技术的评价参数，研究建立了我国耕地土壤污染修复的评价参数（具体可结合项目区的实际情况进行调整），具体见表6-3。

目前，在农用地土壤污染方面，国际上选取的技术多偏向于植物修复、换土、钝化修复和微生物修复等技术，受污染农用地土壤修复技术的应用潜力分析及优缺点见表6-4。

从经济可承受性角度分析，这些技术应用在农用地土壤修复时，原位修复技术具有大面积推广应用的前景。一般来说，农用地土壤污染治理与修复治理技术中常用的技术之一为植物修复技术，亩均材料投入不超过 5 万元，其中包括促进植物修复效果的化学修复剂和超富集植物的种苗费等，如对于砷含量 50～60mg/kg 的土壤，经过 3～5 年即可修复到安全标准限值以内。具体应用案例见表 6-5。

表 6-3 土壤修复技术评价参数表

分类方法	技术	成熟性	适合的目标污染物	适合的土壤类型	治理成本	污染物去除率/%	修复时间
污染源	植物修复	F	a～f	无关	￥	<75	2 年以上
	生物强化修复	F	b～d	D～I	￥	>90	1～12 个月
	化学氧化（原位）	F	a～f	不详	￥￥	>50	1～12 个月
	化学氧化/还原（异位）	F	a～f	不详	￥￥	>50	1～12 个月
	热处理	F	a，b，d，e，f	A～I	￥￥	>90	1～12 个月
	土壤淋洗（原位）	F	a～f	F～I	￥￥	50～90	1～12 个月
	土壤洗脱	F	b～f	F～I	￥￥+	>90	1～6 个月
	电动修复	P	e～f	不详	￥￥￥	>50	—
	挖掘填埋	F	a～f	A～I	￥	>95	1～3 个月
暴露途径	覆土	F	c～f	A～I	￥	75～90	6 个月～2 年
	稳定/固化	F	c，e～f	A～I	￥￥	>90	6～12 个月
	垂直/水平阻控系统	F	c～f	A～I	￥￥	—	2 年以上
受体	改变土地利用方式	F	a～f	A～I	￥	—	—
	移走受体	F	a～f	A～I	￥	—	—

注：成熟性：F—规模应用；P—中试规模。

污染物类型：a—挥发性；b—半挥发性；c—重碳水化合物；d—杀虫剂；e—无机物；f—重金属。

土壤类型：A—细黏土；B—中粒黏土；C—淤质黏土；D—黏质肥土；E—淤质肥土；F—淤泥；G—砂质黏土；H—砂质肥土；I—砂土。

治理成本：￥—低成本；￥￥—中等成本；￥￥+—中等到高成本；￥￥￥—高成本。

修复时间为每种技术的实际运行时间，不包括修复调查、可行性研究、修复技术筛选、修复工程设计等的时间。"—"表示不确定。

表 6-4 受污染农用地土壤修复技术的应用潜力分析及优缺点

技术类型	应用潜力分析	优点	缺点
植物修复技术	利用植物吸收、累积和固定土壤中的重金属污染物，将其转移到植物的根部或地上部分，然后在适当的生长阶段对植物进行收割，经过处理后，灰化回收重金属、安全填埋或焚烧。该技术主要机理包括植物萃取作用、挥发作用、根际过滤和转化作用等	投资少，成本低，可美化环境，适用范围广，可用于不同土壤类型，尤其适用于大面积污染土壤的修复	可选取的植物物种较少；多适用于表土的修复，对于深层土壤污染修复效果一般；修复工程耗时相对较长

续表

技术类型	应用潜力分析	优点	缺点
排土、换土、去表土、客土法、深耕翻土	排土、换土、去表土是应急处理的最佳方法，易于操作，但工程量较大，还需要处理含污染物的排土，只能用于污染严重的区域。客土法是用清洁土壤取代表层的污染土壤，覆盖于表层或混匀，使土壤中污染物浓度降低到临界危害浓度以下，或者减少植物根系与重金属的接触，避免其进入食物链。深耕翻土即采用深耕，翻动上下土层，使得表土壤中的重金属含量降低，这种方法工程量虽然较小，但不宜应用于严重污染区域	对于污染较重、面积较小的土壤修复效果明显、处理迅速	对于污染面积较大的土壤修复工程，工程量大、投资费用高，破坏土体结构，引起土壤肥力下降，并且还需对替换出的受污染土进行处理和处置
钝化修复技术	钝化修复技术主要是通过物理和化学途径降低土壤中重金属的生物有效性和迁移性。该技术应用较广、较成熟，修复周期短	适用于多种重金属元素污染的土壤	重金属依然存在于土壤中，当环境条件改变时，污染物有可能重新释放出来
微生物修复技术	大部分研究还处于实验阶段，微生物在实际土壤中的存活和后期管理是面临的主要挑战	适用于形态易发生改变的重金属污染土壤	微生物络合后的污染物容易被植物和动物吸收而进入食物链
电动修复技术	在污染土壤中通入电流，在电解、电迁移、扩散、电渗、电泳的作用下，污染物在电场中运动，向其中一个电极富集，并进行收集和后续处理。该技术是一种原位修复技术，适合于低渗透性的黏土和淤泥土	不搅动土层，能耗低、后处理方便、二次污染少，并可以缩短修复时间	很难应用于大面积农用地污染土壤修复中，影响土壤的正常使用功能
热处理法	将污染土壤加热（常用的加热方法有空气、蒸汽、红外辐射、微波），使土壤中的汞（Hg）等污染物挥发并进行收集、回收或处理，通常包括将土壤破碎、施加添加剂、土壤加热和吸附回收四个程序	该技术可用于修复易挥发性重金属造成的土壤污染	高温会影响土壤的正常使用功能，高水分和黏土含量会增加处理成本，易挥发的污染物质污染物从土壤中挥发后仍会造成污染，蒸发和收集也比较耗费能源
淋洗法	利用淋洗液把土壤固相中的重金属转移到土壤液相中，再对富含重金属的土壤溶液进行回收处理。该技术的关键是寻找一种既能提取各种形态的重金属，又不破坏土壤结构的淋洗液。目前，用于淋洗土壤的淋洗液较多，包括有机或无机酸、碱、盐和螯合剂	适用于面积小、污染重的土壤，可在一定程度上消除可溶性离子的污染	非水溶性污染物和透水性差的土壤效果不明显，淋洗的化学药剂对环境影响严重，可能造成土壤中营养元素的流失
农艺调控措施	可以通过调节土壤pH值、有机质含量、阳离子交换量、质地等因素，改变土壤中重金属活性，降低其生物有效性，减少从土壤向作物转移的可能	可在一定程度上减少污染物通过食物链进入人体和家畜的概率，并可获得较好的经济、社会和环境效益	未能根本解决污染问题，当环境发生变化，污染物就可能重新释放出来

表 6-5   土壤污染植物修复技术工程案例

工程名称	污染状况	修复效果
湖南郴州砷（As）污染农用地植物修复工程	砷（As）污染导致郴州某地区 50hm² 稻田绝收、弃耕。污染土壤砷（As）的含量约 40～50mg/kg，属于轻度污染	2001 年，当地人们利用蜈蚣草修复 15 亩砷污染土壤，经过 3～5 年的修复，土壤砷浓度下降到 30mg/kg 以下，达到《土壤环境质量标准》（GB 15618—1995，评价时国家法定标准）的二级标准。土壤修复后可以种植普通的农作物，其农产品砷含量满足《食品中污染物限量》（GB 2762—2005，评价时国家法定标准）中的限量要求
云南省个旧市尾砂库复垦污染土地修复工程	云南省个旧市某尾砂库复垦土壤存在严重的重金属污染，其中以砷（As）、铅（Pb）污染最严重，其平均含量分别为 1180mg/kg 和 8780mg/kg。污染地区蔬菜中重金属含量超标严重，砷（As）、铅（Pb）的最高含量分别达 856mg/kg 及 506mg/kg	从 2006 年开始，当地人们通过种植蜈蚣草进行修复，并采用不同的化肥、污泥堆肥、有机肥等措施提高修复效率。到 2011 年，该工程已经稳定运行 5 年，土壤中重金属砷（As）有效态含量下降 40% 以上，铅（Pb）有效态含量下降 30% 以上；蜈蚣草每年收割的生物量约为 12t/hm，每年通过蜈蚣草提取的砷（As）、铅（Pb）、锌（Zn）和铜（Cu）分别为 23.4kg/hm²、11.3kg/hm²、9.24kg/hm²、2.64kg/hm²，减少重金属对环境的毒害
广西环江重金属污染农田修复工程	环江县特大洪水冲毁的尾矿库导致近 2 万亩农田受到重金属污染，土壤中砷（As）、镉（Cd）和铅（Pb）的平均含量分别为对照区的 2.4 倍、1.5 倍和 6.7 倍；农作物大面积绝收，严重影响农民生计，威胁大环江流域两岸居民的食品安全、饮水安全和人体健康	从 2011 年开始，当地人们利用植物萃取、植物间作、钝化修复和植物阻隔等修复技术，用两年时间修复农田 1280 亩。利用植物萃取技术每年从土壤中去除 10% 的镉（Cd）、砷（As），修复 4 年后满足农田土壤环境质量标准；其他三种修复技术应用过程中，农产品中重金属含量的达标率达到 95% 以上

　　根据国家要求，治理与修复工作主要针对产出的农产品污染物含量超标的农用地，其中存在农产品质量超标问题的农用地优先开展安全利用（如治理、修复）工作。

　　（1）制定农用地土壤治理与修复规划

　　根据湖北省土壤污染修复工作任务，制定大冶市农用地土壤治理与修复规划，明确重点任务、责任单位和分年度实施计划，建立项目库。在先行区实施年限内，确保优先保护的未污染农用地其质量不下降，面积不减少，通过试点示范，逐年推进污染土壤的治理与修复。根据湖北省土壤污染防治目标责任书，到 2020 年底完成湖北省人民政府下达的受污染农用地土壤治理与修复面积任务和重度重金属污染农用地种植结构调整或退耕还林还草面积任务，使大冶市受污染农用地安全利用率达到湖北省人民政府下达的目标，修复后土壤环境质量达到或优于土壤环境质量标准。根据大冶市土壤污染现状、土地利用规划、经济发展状况，规划中明确农用地污染土壤控制与治理的长期目标。

　　（2）制定农用地土壤污染治理与修复管理办法

　　根据国家农用地土壤修复管理办法等文件，制定大冶市农用地污染土壤修复管理办法和农用地污染土壤修复效果考核办法，完善农用地土壤修复的社会监督机制，鼓励公众积极参与治理项目的实施和监督。建立农用地污染土壤修复工作机制，明确自然资源和规划、农业农村、生态环境及财政等部门的工作职责，以及领导小组工作会议、领导小组办公室会议、政府部门分工协作等工作制度。为切实加强对农用地污染土壤污染治理与修复的组织领导，由大冶市政府成立工作领导小组，由分管市长任组长，各相关部门作领导小组成员，领导小组定期召开会议，交流情况，研究制定农用地污染土壤修复管理的相关政策，协调解决工作中存在的突出问题，确保全市工作的顺利开展。

将农用地土壤修复工作纳入镇（乡、街道）生态环境保护工作体系，市宣传、发展与改革、市场监督管理、公安、生态环境、供电、科技和财政等有关部门要结合各自的工作职责，全力支持配合农用地土壤重金属污染治理工作。加强对治理实施情况的跟踪检查，做好各项工作和政策措施落实的督促工作。把农用地污染土壤治理目标和任务分解落实到位，建立目标责任制，按年度对农用地土壤修复落实情况进行督促、检查，向政府报告，并按程序向市人大、市政协进行通报说明。

（3）明确污染农用治理与地修复工作流程

农用地污染土壤治理与修复的工作流程如图 6-1 所示，主要包括立项、调研可行性研究、编制农用地污染治理与修复实施方案、工程实施、工程监理和效果评估等内容。

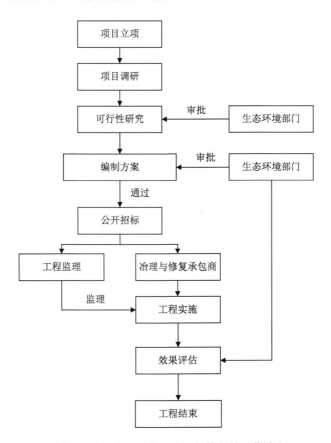

图 6-1　农用地污染土壤治理与修复的工作流程

1）项目可行性研究：包括项目背景、土壤污染现状、污染成因分析、风险评估等级确定、修复技术筛选和可行性分析、资金预算、项目进度安排和组织管理等方面内容。

2）项目审批：项目立项审批由政府负责，项目执行过程中的可行性研究、修复实施方案、修复验收的审批由生态环境部门组织自然资源和规划、农业农村、财政等部门共同审批。

3）修复后农用地的长效性评估办法：由于土壤具有极大的异质性，土壤污染物在修复治理结束后可能出现反弹。因此，必须制定修复后农用地的长效性评估办法。对修复验收后的农用地，在修复工程完成后三年内，每年随机采样和评价（按照农用地土壤效果评估规定执行），判断修复效果的稳定性。若发现超过相关标准中规定的含量限值时，则必须向主管部门反馈，采取相应措施，保障农产品安全和人体健康。

4）制定农用地污染土壤修复公司准入机制：我国土壤污染修复技术尚还于研发阶段和产业化初期阶段，承担修复工程的单位业绩和资质缺乏统一的依据和标准。因此，在大冶市必须建立农用地污染修复公司的准入机制，对修复责任主体提出相关要求，防止出现目前行业中部分企业"浑水摸鱼"的混乱局面。

5）修复资金管理：依据财政部和环境保护部（现生态环境部）联合印发的《土壤污染防治专项资金管理办法》（财建〔2016〕601号），制定《黄石市农用地土壤修复专项资金筹集管理与使用暂行办法》，对修复试点资金筹集、使用、决算、审计管理等方面要做出详细规定。专款专用，严禁截留、挤占、挪用。对截留、挤占、挪用及弄虚作假等违反财经纪律的行为，按照《财政违法行为处罚处分条例》的相关规定予以处罚，并取消下一年度专项资金申报资格。

加大对专项资金使用情况的监督检查。对正在实施的补助项目，项目所在市生态环境、财政部门每半年至少组织一次实施情况检查，市生态环境、财政部门每年至少组织一次抽查，并将检查情况汇总书面报告省环保厅、财政厅。省生态环境厅、财政厅将不定期进行抽查。对进度缓慢和逾期未完成的项目，各地财政、生态环境部门要责成项目单位限期完成。专项补助资金下达后，因客观情况确需变更或需要暂缓实施的项目，应及时按程序向上级或拨款单位提出变更或暂缓实施申请，经批准后执行。

切实加强项目经费管理，建立项目责任制和审计制度，由拨款单位或上级主管单位组织审计。

针对大冶市的实际情况，对安全利用类农用地土壤开展安全利用工程，具体的工作程序如下：

1）划定修复治理区域。根据笔者开展的和收集的大冶市土壤环境质量调查数据，安全利用类农用地主要分布在金湖街道、还地桥镇、大箕铺镇和金山店镇等区域。

2）开展修复技术筛选工作。综合考虑大冶市农用地土壤中重点关注污染物、土壤环境条件、土壤 pH 值、土壤类型等因素，以及修复工艺、工程施工量、修复效率、修复资金等因素，制定修复技术筛选的优先原则，具体要求如下。

第一，采用环境友好绿色修复技术，主要采用钝化修复、植物修复、替代种植、农艺调控和日常监测等单个技术或联合使用多个技术的方法。在修复过程中尽量不引入对土地可能造成不利影响的材料，确保修复效果的长效性，尽量减少修复过程产生的二次污染，尽量增加修复过程中产出物质的回收利用，在可能的条件下兼顾环境美学。

第二，与当地的农业生产实际情况相结合，防止外来物种入侵。植物修复方案的确定要考虑当地长期种植的植物类型（尤其是经济作物）。对于已有农用地，以尽量种植当地经济作物为原则，在修复的同时，也给当地农户创造一定的经济收入。另外，在田间套种经过筛选的重金属超富集植物，必须能适合大冶市当地的气候环境，同时超富集植物的生长必须不能对农作物的生长产生明显的抑制作用。对于重金属超富集植物要优先考虑利用当地，特别是矿区的土著物种，尽量避免外来物种对当地动植物生存和自然生态环境造成负面影响。

第三，注重修复过程中产出生物质的妥善处理或利用。在确定修复方案时，除了考虑要达到去除污染土壤中的重金属，使土地恢复到土壤环境质量标准限值的基本要求，还要充分考虑修复过程中产出生物质的出路，关注当地生物质利用处理的产业链。

第四，尽量降低修复成本。植物修复是以太阳能为动力，投入少、成本低、适合大面积商业修复推广。当土壤中重金属浓度在合适的范围内时，植物修复可以在最大程度上降低修复成本。但是，在植物修复过程中，必须考虑修复后超富集植物的后续处理。

第五，修复地块的选择和修复措施的选用要具有典型性和代表性。所选的示范地块应能反映当地的整体污染水平，并略高于重金属污染的平均水平。所选用的修复措施应是经过证实适合在大冶市进行大面积商业推广的环境友好修复措施。

第六，根据大冶市土壤重金属污染的特点，加快土壤重金属污染防治技术研究，研发镉（Cd）、铜（Cu）、铅（Pb）等单一或复合重金属污染土壤的生物、物理、化学联合修复技术，筛选适合大冶市土壤性质的重金属超富集植物，开发植物修复收获物安全处理处置与资源化利用关键技术，发展重金属污染土壤和水体的联合修复集成技术，并建立示范工程，制定相应的重金属防治技术效率评价方法和技术规范。

3）开展农用地土壤修复试点示范工作。选择大冶市安全利用类农用地开展土壤修复试点工作，其主要的工作思路如下。

第一，选择和种植适合当地生长的重金属超富集植物，将土壤中的重金属富集到植物内，然后通过超富集植物的收割，将重金属从土壤中去除。

第二，采取辅助措施包括调整土壤的营养结构、pH 值、氧化还原电位等，通过在土壤中加入性质温和的材料等方法，促进超富集植物对土壤中重金属的吸收。

第三，将收割的生物质进入后续处理过程，主要用于生产生物乙醇、生物柴油等生物能源，以及用于秸秆发电和生产燃气。

4）修复过程中的监测。主要对收获后的植物以及示范区域采集的植物和土壤样品进行年度的跟踪检测分析，以了解富集植物从污染土壤提取和吸收重金属含量的动态变化过程，以及植物修复的效果。

（4）农用地安全利用技术

在农用地污染土壤修复过程中，常用的安全利用技术主要包括工程治理、钝化修复、植物修复、农艺调控、土壤淋洗和微生物修复等，分别介绍如下。

1）工程治理。工程治理措施主要包括排土、换土、去表土、客土和深耕翻土等措施。排土、换土、去表土、客土被认为是一种治理较为彻底的方法，但是工程量大，并涉及污染土的后续处理问题。客土和污染土混合措施是一种比较常见的方法，利用一定量的清洁客土与污染土成比例混合，从而降低土壤中重金属的含量，减少客土需求量。深耕翻土即采用深耕方法，翻动上下土层，使得表土壤中的重金属含量降低。深耕翻土一般主要用于轻度污染的土壤，而客土和换土则是用于重污染区的常见方法。

工程措施适合各种农田重金属污染修复，对土质类型、污染特性等均没有限制。工程措施具有修复彻底、稳定的优点，但工程量大、投资高，易破坏土体结构，引起土壤肥力下降，为避免二次污染，还要对污染土壤进行集中处理。因此，只适用于小面积严重污染土壤的修复。

日本富士县神通川流域的痛痛病，就是由于长期食用含镉（Cd）的稻米而引发的。自 1971 年起科学工作者用 6 年时间对神通川流域的土壤（南北方向长度为 11.5km，东西方向长度为 6.2km，面积 5800hm²，即 87 000 亩）污染进行了详细的调查、监测，根据调查结果，并依据《农业用地土壤污染防治法施行令》（最终修订 2010 年 6 月 16 日政令 148 号）相关规定，神通川流域有 1686.2hm²（25 293 亩）土地被认定是镉（Cd）污染对策地，此外对策区域还包括黑部地区 278.4hm²（4176 亩）。自 1979 年起对这些污染土地进行治理，计划分三期工程，目前已进入第三期工程。截至 1997 年底，神通川流域已对 646hm²（9690 亩）污染土壤进行了修复，完成了需治理面积的 43%。截至 2014 年，修复的土壤面积为 1020.3hm²（15 305 亩）。污染土壤的治理根据其地下水位、地质条件及污染程度等的不同选取适宜的方法，主要有填埋客土法和上覆客土法。土壤经治理后，镉（Cd）污染问题得到解决。调查结果表明，治理后土壤中镉（Cd）的含量为 0.07～0.18mg/kg，糙米中镉（Cd）的含量为 0.03～0.21mg/kg，其中治理后的 1 号和 2 号地生产的水稻中镉（Cd）的平均含量已降至 0.08mg/kg，三号地为 0.09mg/kg，远低于日本《食品卫生法》规定的 0.4mg/kg 的安全标准，修复后土壤和糙米中镉（Cd）含量的去除效果显著。神通川流域修复工程耗资 526.22 亿日元，约合 39.8 亿元人民币，修复费用将折合达 26 万元人民币/亩，上述费用未包括受害者赔偿、治疗费用等。

2）钝化修复技术。重金属在土壤中的可移动性是决定其生物有效性的一个重要因素，而移动性取决于其在土壤中的存在形态。土壤的理化性质如有机质含量、矿物组成、pH 值和 Eh 值均可影响重金属的形态及各种形态之间的转化，可通过改变这些参数来调节重金属在土壤中的移动性。钝化技术是通过向土壤加入钝化剂，改变土壤的理化性质，利用重金属的吸附或（共）沉淀作用来降低其生物有效性。污染土壤中的重金属被固定后，不仅可降低农作物对重金属的吸收，减少向土壤深层和地下水中的迁移，而且有可能重建植被。

钝化修复方法的关键在于成功选择化学药剂或材料，并利用其与重金属之间形成不溶性或移动性差、毒性小的物质而降低重金属在土壤中的生物有效性和迁移性。常用的钝化剂主要包括多种金属氧化物、黏土矿物、有机质、高分子聚合材料和生物材料等钝化剂。该技术可用于原位及异位修复，适用范围广，不会产生需要二次处理的废液/废气。因为该技术在原位进行重金属修复，所以可大大降低成本，钝化技术相比客土法等成本较低。

3）植物修复技术。植物修复是利用自然生长或遗传培育的植物修复金属污染土壤的一类技术的总称。根据其作用过程和机理的不同，重金属污染土壤的植物修复技术可分为植物稳定、植物挥发和植物提取三种类型。

植物稳定是利用耐重金属植物降低土壤中有毒金属的移动性，从而减少重金属被淋滤到地下水或通过空气扩散进一步污染环境的可能性，一般适用于土壤质地黏重、有机质含量高的污染土壤的修复。但是，植物稳定并没有彻底清除土壤中的重金属，只是将其暂时固定，使其对土壤环境中生物不产生毒害作用，并没有从根本上解决土壤环境中的重金属污染问题。如果土壤环境条件发生变化，重金属的生物有效性可能会发生改变。

植物挥发是一种利用植物的吸收、积累和挥发而减少土壤中挥发性污染物的方法，即利用植物将污染物吸收到体内后将其转化为气态物质，释放到大气中。目前此技术研究最多的是吸收金属元素汞（Hg）和非金属元素硒（Se）。

植物提取是利用重金属超富集植物从土壤中吸取一种或几种重金属，并将其转移、贮存到地上部分，随后收割地上部分并集中处理。根据拟修复区土壤污染实际情况，选择和连续种植超富集植物，同时施加适量的活化剂，即可降低土壤中重金属的含量。

4）农艺调控。作物从土壤中吸收重金属，不仅取决于其在土壤中的含量，而且也受土壤性质、水分条件、施肥的种类和数量、栽培的植物种类、栽培方式以及耕作制度等的影响。因此，可以通过调节土壤 pH 值、有机质和质地等因素，改变土壤中重金属活性，降低其生物有效性，减少重金属从土壤向作物可食部位的转移。一是农艺修复措施。包括改变耕作制度，调整作物品种，种植不进入食物链的植物，选择能降低土壤中重金属活性的化肥，或增施能固定重金属的有机肥等措施，来减轻土壤重金属污染；同时采取施肥、搭配种植等农艺措施，可显著增加植物对农用地土壤中重金属的吸收，从而提高植物修复效率。二是生态修复。通过调节诸如土壤水分、养分、pH 值和氧化还原状况及气温、湿度等生态因子，实现对污染物所处环境介质的调控。采取适宜的农艺调控措施，是合理利用和改良重金属污染土壤的途径。该技术成熟，成本较低，对土壤环境扰动较小，适合大面积农田重金属污染土壤修复，但修复周期长，效果有待提高（单纯的农艺调控措施一般很难达到修复目标）。

5）土壤淋洗技术。土壤是一种复杂的混合物，重金属以多种方式与土壤中不同组分发生反应，主要包括离子交换、吸附、沉淀和螯合作用。相关研究将土壤固持金属的机制分为两大类：①离子吸附在土壤组分（如黏土、有机质）的表面；②形成离散的金属化合物沉淀（如氧化物、碳酸盐、硫酸盐）。土壤淋洗是通过逆转这些反应机制，把土壤固相中的重金属转移到土壤液相。将挖掘出的地表土经过初期筛选去除表面残渣，分散土壤大块后，与一种提取剂充分混合，经过第二步筛选分离后，用水淋洗除去残留的提取剂，处理后干净的土壤可归还原位被再利用，富含重金属的废水可进一步处理以回收重金属和提取剂。

以不同方式被土壤固持的重金属，其被提取的方式不同。对于靠简单的静电引力被土壤固持的金属离子，当土壤与一种高离子强度的溶液混合时，随即被释放；而以共价键紧密结合的金属，需用强螯合剂，通过改变土壤 pH 值或氧化还原电位来促进金属化合物沉淀的溶解和释放。土壤淋洗技术的关键是寻找一种提取剂，既能提取各种形态的重金属，又不破坏土壤结构。常见的提取剂主要包括有机或无机酸、碱、盐和螯合剂，而用来提取土壤中重金属的主要有硝酸、盐酸、磷酸、硫酸、氢氧化钠、草酸、柠檬酸、EDTA（乙二胺四乙酸）和 DTPA（二乙基三胺五乙酸）等。EDTA 能在很宽的 pH 值内与大部分金属（特别是过渡金属）形成稳定的螯合物，不仅能解吸被土壤吸附的金属，也能溶解不溶性的金属化合物，现已证明 EDTA 是最有效的螯合提取剂。但是，pH 值、电解质、土壤/提取液的比例、土壤中金属结合形态、土壤性质等都会影响 EDTA 清除土壤重金属的效果。尽管 EDTA 是一种很强的金属螯合剂，能有效地清除污染土壤中的重金属，但目前 EDTA 价格昂贵，对 EDTA 的回收以及对土壤性质的影响等方面还存在许多未解决的技术问题。

无机化合物提取剂是腐蚀性的，会不可逆转地破坏土壤，并产生大量废液；合成有机螯合剂残留在环境中，可能导致处理区域的重金属向四周或地下水迁移，造成二次污染。而有机酸（如柠檬酸、草酸）提取剂是天然有机螯合剂，对环境无污染，易被生物降解，对重金属的清除能力也比较稳定，在农用地土壤淋洗方面有一定的应用前景。

6）微生物修复技术。微生物虽然不能降解和破坏金属，但可通过改变它们的化学或物理特性而影响重金属在环境中的迁移与转化，可利用微生物（细菌、藻类和酵母菌等）来减轻或消除土壤重金属污染。微生物金属修复的机理包括胞外络合、沉淀、氧化还原反应和胞内积累等，如柠檬酸杆菌属（Citrobacter）产生的酶能使铅（Pb）、镉（Cd）形成难溶性磷酸盐，原核生物（如细菌、放线菌）比真核生物（如真菌）对重金属更敏感，革兰氏阳性菌可吸收镉（Cd）、铜（Cu）、镍（Ni）和铅（Pb）等。生物转化是微生物减轻土壤重金属污染典型的重要机理。

二、农用地严格管控

1. 基本要求

在重度污染土壤中种植的农产品重金属超标概率极高，受污染地区一般采取种植结构调整、退耕还林还草、退耕还湿、轮作休耕、轮牧休牧等风险管控措施。根据农用地土壤质量类别划分结果，对划定为严格管控类的农用地，严格用途管制，划定特定农产品禁止生产区域，禁止种植高积累的农作物。依据国家有关部署，按照"土尽其用"的原则，有序开展种植结构调整、退耕还林还草等工作；在种植结构调整等措施落实到位前，要建立食用农产品质量检测制度，对重金属等污染物含量超标的食用农产品进行严格管控，不得进入流通领域，并进行妥善处理、处置。对于因禁止生产食用农产品、种植结构调整等导致的农户经济损失，由国家、地方和相关责任企业等给予补偿。考虑到现阶段国家和大冶市财力投入有限，应优先确保完成省人民政府下达的受污染农用地治理与修复面积任务和重度污染农用地种植结构调整或退耕还林还草面积任务。到2020年，根据湖北省土壤污染防治目标责任书要求，完成省人民政府下达的轻中度污染农用地安全利用面积任务和重度污染农用地种植结构调整或退耕还林还草面积任务，受污染农用地安全利用率达到省人民政府下达的受污染农用地安全利用率目标。

在严格管控区域，除了采取调整种植结构、退耕还林还草、退耕还湿、轮作休耕、轮牧休牧等措施以外，还可根据当地实际情况和农户意愿，采用种植特定经济作物、客土法等措施。种植特定经济作物是指通过采用抗污染的经济作物资源，调整作物生产结构，充分利用生物（如植物）的抗逆基因，使其最大限度地适应污染环境，以保持土地的农业利用属性。同时，通过采用经济可行的土壤修复治理技术和配套的农艺措施，以降低环境对生物的胁迫作用和危害，使污染土地的经营效益得到恢复和提高，退化农田生态景观得到修复，食物链污染危害得以消除，实现污染土壤的安全与高效利用目标。

重度污染农用地土壤严格管控措施是基于以下三个方面的考虑：一是在目前的科技发展水平下，将重度污染土壤中的污染物彻底清除是不可行的（主要是技术不成熟、经济成本太高等原因）；二是在自然界中，植物或动物对污染逆境的耐受能力具有可辨识性，也是可以利用的；三是我国的耕地资源相对不足，而耕地土壤污染数量较大，在能控制食物链污染危害的前提下，彻底改变污染耕地的利用属性既没有必要性，也不具备现实可行性。

在对重度污染农用地土壤进行严格管控时，应遵循以下四个方面的原则。

一是产品安全适用性原则。即污染物残留不影响原始收获产品或常规方法产品的可利用价值。对于可食用作物，要求其可食部分中的污染物残留量符合国家相关食品卫生标准中规定的限值；对于非食用经济作物，要求产品质量满足深度加工需求或市场公认的质量标准；对于饲用作物（含桑叶），以不造成饲养动物生产性能或产品卫生品质显著降低的植物（饲料）中的污染物最高含量为原则。例如，镉（Cd）污染土壤，禾谷类作物很难符合安全性要求；某些水果（如柑橘）和油料作物（如油菜）的可食部分对土壤中镉（Cd）的富集性相对较弱，产品镉（Cd）含量对安全性影响相对较小，同时工业原料作物（如纤维作物、桑蚕茧等）是镉（Cd）污染农用地种植的较好选择。

二是植物品种强耐受性原则。种植结构调整的替代作物在生理上具有抗（耐）污染性，以产量为评判指标，在采用常规农田管理措施时，作物的经济产量因污染物毒害而下降的幅度一般不应超过10%，采用适度的土壤处理或适当的栽培技术后，产量损失可以完全消除，或至少达到经营者可以接受的水平。其中，抗耐性的鉴定除应针对污染物外，还必须将候选作物纳入特定的区域环境条件，进行生长全过程的综合考察。

三是土地经营高效的原则。在新的农田种植与生产经营模式下，土地生产者获得的经营收益应不低于种植结构调整前，并且可以与非污染农田的传统作物生产收益进行比较。如果在种植结构调整之后农户既不能从自己经营的土地上得到稳定的经济实惠，又不能从政府或企业获得足够的经济补偿，不利于提高农户的积极性和种植结构调整工程的实施，种植结构调整的成果就难以巩固。

四是生产系统开放性原则。在污染区构建新的污染土壤安全利用模式时，系统开放性是一个重要的评价指标，应避免由于系统的封闭性造成的污染物在一个小的区域内部循环。从长远考虑，开放的生产经营系统有助于环境中污染物的自然净化和区域环境质量的不断提高。在实施重度污染农用地种植结构调整时，要考虑县域甚至整个区域的产业发展规划，使污染农用地的种植结构调整与大区域的产业发展有机联系起来，使污染农区的经济具有最大的可持续发展性，种植结构调整的成果得以巩固。

在严格管控区域，如果种植农作物，必须采用合理的农业耕作措施抑制或避免重金属进入农产品。污染土壤中重金属受到环境因素和农业措施的影响，使其在土壤中的有效性受到抑制或促进，通过选择适当种类和形式的化肥、增施有机肥等农业措施，利用肥料中的阴阳离子、有机质与重金属的交互作用，抑制或免除作物对重金属的吸收。实践表明，增施有机肥，可明显改善土壤理化性质，增加土壤环境容量，从而可使铜（Cu）、镉（Cd）、铅（Pb）等重金属在土壤中呈固定状态，农作物对这些重金属的吸收量相应地减少。

2. 大冶市农用地种植结构调整规划

在严格管控类区域，种植对重金属抗性强、吸收少的农作物品种。在重金属胁迫条件下，植物可通过根系形态和生理生化的适应性变化机制来调节自身活化或吸收元素的强度。不同作物种类甚至同一作物的不同品种在活化和吸收重金属方面都有显著差异，可通过选育既对污染物有较高的抗性，又能保证生物可食性产品具有较高安全性的农作物品种。因此，需要选择抗性强、吸收重金属少的作物品种，在严格管控类农用地推广种植。另外，研究低吸收的遗传机制及基因定位，并通过基因工程等分子生物学技术进行遗传育种，培育出抗性强、吸收重金属少、产量高、品质好的作物品种。根是植物吸收重金属的主要器官，大量的重金属分布在根部，但重金属还可以通过导管向上迁移到叶片，特别是镉（Cd）等移动性较强的重金属。因此，重金属严重污染区不应种植蔬菜和粮食作物，特别是根菜或叶菜类蔬菜，而改为林地或种植对重金属吸收少且非食用的其他作物，调整种植结构。

鉴于大冶市农产品质量安全保障形势严峻，国家、地方政府将进一步加大农用地土壤环境保护力度，为实现到 2020 年大冶市受污染农用地土壤安全利用率达到湖北省人民政府下达的目标，对土壤重金属污染防治规划提出切断农用地土壤污染来源，实施农用地土壤环境质量分类管理，以及开展土壤污染治理与修复、种植结构调整等措施。

1）划定重污染农用地种植结构调整范围。大冶市铜绿山矿区、铜山口矿区、大型冶炼厂附近区域以及还地桥镇大部分地区属于国家级、省级重金属污染防控重点区域。在严格管控类区域，大部分不适宜继续种植粮食、蔬菜等食用农作物，必须进行种植结构调整，并根据多地块污染物类型、污染程度，提出适宜的种植结构调整方案。

2）开展研究工作。针对不同的污染物质，筛选适合的作物品种，建立针对不同污染物、不同污染程度，同时适合当地经济社会状况的作物库。种植结构调整的替代植物筛选原则：优先选择当地的低累积经济作物。大冶市主要经济作物有棉花、茶叶、麻类（如苎麻）、糖类（如甘蔗）、果类（如柑橘、桃、李、杏等）；主要的林木有樟树、广玉兰、桂花、棕榈、女贞、枇杷、法桐、银杏、国槐、盘槐、玉兰、合欢、栾树、旱柳、垂柳、喜树、梧桐、刺槐等。从产品安全和对重金属吸收、耐受性角度考虑，苎麻、茶叶、棉花、银杏等适合作为种植结构调整的替代植物。

3）开展试点示范工作。选择典型区域开展重污染农用地土壤种植结构调整试点，根据"因地制宜、政府引导、农民自愿、收益不减"的基本原则，选择种植重金属低积累的非食用性作物等进行种植结构调整，探索作物替代种植的运作模式和工作机制。在重金属污染相对严重的区域，采用专用品种、专区生产、专企收购、专仓储存等管控措施，确保农产品流通渠道和用途。

种植结构调整的工作思路是：第一，通过向土壤中添加少量钝化剂和有机肥，降低土壤中重金属的活性；第二，种植结构调整与植物修复相结合，在农作物间隙中套种修复植物；第三，种植结构调整要与农艺管理相结合，指导农民安全和合理施肥、灌溉和施用农药，避免引入新的重金属污染；第四，种植结构调整与监管措施相结合；第五，种植结构调整区要建立长期监测制度，除了监测土壤环境质量外，还要对农产品进行监测，了解其重金属的含量，以便确定所生产的农产品的最终用途和处置方式。

4）开展重度污染农用地治理工作。认真总结典型矿冶区重金属污染土壤种植结构调整的试点经验，加强治理技术机理研究，积极探索技术模式的原理、适用区域、适用作物和适用方法，逐步建立污染土壤种植结构调整的治理标准和技术规程，以点带面做好土壤重金属污染种植结构调整的示范推广工作，让广大农户实实在在地感受到土壤环境质量的改善。

5）二次污染防治问题。种植结构调整实施过程中可能产生二次污染，例如，含重金属的扬尘、雨水淋溶后含重金属的污水、过度使用的化学类材料的土壤改良等方面，可能造成污染扩散，或者造成其他污染。因此，在制定和实施重金属污染土壤种植结构调整时，必须考虑并制定环境二次污染防护措施。

3. 农用地种植结构调整案例

以铅锌矿尾砂污染农田种植结构调整为例。案例区位于广西环江，主要污染物为铅（Pb）、镉（Cd）、砷（As）、锌（Zn）等。污染农用地"种草养牛"安全利用模式的风险与效益分析。该模式是在污染农田区种植皇竹草养牛，同时使用"石灰-氢氧化钠-蚕沙"土壤改良剂，抑制土壤中污染物转移到饲草中。该模式下以皇竹草作为饲料是安全的，饲草和畜产品中均未检出污染物超标。皇竹草种植的经济成本主要包括种苗、土壤改良剂、灌溉、肥料、除草、农药、畜力和管护等，其中种苗每年成本约为 600 元/hm²，土壤改良剂每年成本约为 2550 元/hm²，养牛每年成本约为 22 500 元/hm²。按以上计算结果，以种植皇竹草推动肉牛养殖产业，每公顷纯收益不低于 33 350 元/年；若以规模化集约养殖，每公顷纯收益至少能达到 2 倍以上，约为 66 700 元/年。若将肉牛进行一些精深加工，其收益还可大幅度增加。另外，由于皇竹草营养丰富、糖及蛋白质含量高且能适应我国多数地区的气候条件和土质栽培，还可用于马、羊、鱼、鸵鸟、猪等的养殖，开发应用前景广阔。污染农用地"种草养牛"产业链生产成本及经济效益见表6-6。

表6-6 污染农用地"种草养牛"产业链生产成本及经济效益估算表

项目名称		成本/（元/hm²）	备注
皇竹草年生产成本	种苗	600	3 600 元/hm²，平均分摊到 6 年
	改良剂	2 550	四种处理改良剂成本分别为 0 元/hm²、19 500 元/hm²、24 000 元/hm²、25 500 元/hm²，按改良剂一般成本（石灰-氢氧化钠-蚕沙）计算，25 500 元/hm²，分摊到 10 年，每年 2 550 元/hm²
	灌溉	1 000	主要为灌溉所用人工及水泵用电等费用
	肥料	4 800	
	除草	700	
	农药	0	
	畜力	2 000	主要为翻耕及运输牧草费用
	人工	3 000	
	合计	14 650	

续表

项目名称		成本/ （元/hm²）	备注
皇竹草年毛收益	皇竹草干草	20 000	按干草最高产量100t/hm²计算，销售单价为0.2元/kg
皇竹草年纯收益	不计工酬	8 350	
	计工酬	5 350	
黄牛年生产成本	种牛	22 500	每头种牛售价约1 000元/头，1hm²皇竹草可养殖45头黄牛，2年出栏，种牛成本平均分摊到每年
	饲料	22 500	精细料每年约400kg/头，折合现金约500元/头
	疫苗	3 000	
	人工管护	12 000	45头牛的养牛场一般需要2个专职人工管护，按每人每年工资6 000元计算
	合计	60 000	
皇竹草养牛年总生产成本		74 650	
皇竹草养牛年总毛收益	成牛	108 000	按每头牛每年生长200kg，加上种牛40kg，共240kg，按售价10元/kg，每头牛收入2 400元
皇竹草养牛年总纯收益	不计工酬	48 350 元/hm²	
	计工酬	33 350 元/hm²	

注：以上经济效益计算金额供参考，其中土地租赁费、牛舍建设费及农机具折旧费未计入成本，有机肥等副产品收入未计入毛利。

第三节　建设用地土壤污染风险管控和治理修复

一、建设用地土壤污染风险管控

根据建设用地土壤污染状况调查情况，分析大冶市产业布局特点、工矿企业分布和污染物排放情况，确定容易造成土壤污染的重点行业，建立行业特征污染物清单。开展重点行业企业土壤污染调查，掌握污染地块分布及其环境风险情况，建立在产企业重点监管名单和关闭搬迁企业优先管控名录。高风险在产企业应制定并采取切实有效的土壤环境风险防范措施，对高风险关闭搬迁企业污染地块由相关责任主体及时采取风险管控措施。建立建设用地准入、开发利用、流转等全过程的监测和风险管控制度。针对新增建设用地和正在使用中的建设用地，应以预防土壤污染为主。针对运行中的企业，严格执行相关的工业企业"三废"排放标准，强化"三废"处理处置，将工业生产活动对土地的危害降低到可接受水平。对排放重点污染物的企业，要定期开展土壤环境监测。

1. 管理要求

建立大冶市建设用地调查评估制度，明确调查责任主体、调查技术要求和调查结果监管办法。结合大冶市产业布局特点，建立土壤重点污染行业清单，并根据产业结构调整情况进行动态更新。对拟收回土地使用权的有色金属矿采选、有色金属冶炼及压延加工、化工、电镀、制革、制药和铅酸蓄电池等重点行业企业用地，以及用途拟变更为居住和商业、学校、医疗、养老机构等公共设施的上述企业用地，由土地使用权人负责开展土壤环境质量状况调查评估；已经收回的，由所在地区、镇（乡、街道）人民政府负责开展调查评估。重度污染农用地转为城镇建设用地的，由所在地区、镇（乡、街道）人民政府负责组织开展调查评估。调查评估结果向所在地生态环境、住房和城乡建设、自然资源规划部门备案。

分用途明确管理措施。各镇（乡、街道）根据建设用地土壤环境调查评估结果，逐步建立污染地块名录及其开发利用的负面清单，合理确定土地用途。符合相应规划用地土壤环境质量要求的地块，可进入用地程序。禁止将高风险的、未经治理和修复的污染地块用于住宅、公共管理与公共服务等与人体健康高度相关的用途。暂不开发利用或现阶段不具备治理修复条件的污染地块，有关责任主体要及时采取风险管控措施。

2. 监管责任

建立生态环境、住房和城乡建设、自然资源和规划等部门间的信息沟通机制，明确相关责任主体的管理职责，实行建设用地土壤环境联动监管。大冶市城乡规划部门在制定城乡规划时，要结合土壤环境质量状况，加强规划论证和审批管理。大冶市工业和经济管理部门制定本地区污染企业关停并转、破产和搬迁规划和方案时，应及时向环保、国土、建设和城乡规划等部门提供相关企业名单。环保部门提前介入并指导和督促破产、关停、拟搬迁企业开展土壤环境状况调查、风险评估和污染地块治理与修复工作。市国土部门要加强土地征收、收回、收购以及转让、改变用途等环节的监管，严格控制污染地块的土地流转。

生态资源会同住房和城乡建设、自然资源和规划等相关部门，建立建设用地开发利用全过程土壤环境监管办法，明确建设用地利益相关方的职责。针对建设用地流转开展土壤环境质量监管工作，重点行业企业要与当地政府签订土壤污染防治责任书，落实主体责任，明确相关措施和职责。

3. 准入管理

建设用地准入制度是根据某地块的土壤环境调查评估结果和相应规划用地的土壤环境质量要求，判断该地块能否进入用地程序以及进入何种用途用地程序的制度。国务院 2016 年 5 月 31 日印发的《土壤污染防治行动计划》明确提出，"实施建设用地准入管理，防范人居环境风险"，主要包括建立调查评估制度、分用途明确管理制度、落实监管责任和严格用地准入。其中，在"严格用地准入"中规定，将建设用地土壤环境管理要求纳入城市规划和供地管理之中，土地开发利用必须符合土壤环境质量要求；地方各级自然资源和规划等部门在编制土地利用总体规划、城市总体规划、控制性详细规划等相关规划时，应充分考虑污染地块的环境风险，合理确定土地用途。

将建设用地准入制度纳入城市规划和供地管理，土地开发利用必须符合土壤环境质量要求。自 2017 年起，大冶市自然资源和规划等部门在编制土地利用总体规划、城市总体规划、控制性详细规划等相关规划时，充分考虑污染地块的环境风险，合理确定土地用途。污染地块优先规划为对土壤环境质量要求相对较低的用途。新增工业企业用地，优先利用废弃工业污染地块。

4. 风险管控

开展企业用地分级分类管理。基于大冶市建设用地土壤污染状况调查结果，综合分析污染地块行业特征、风险等级、社会影响等因素，确定重点监管企业名单和污染地块优先管控名录。结合企业用地利用现状态、风险等级制定企业用地分级分类管理方案。

建立健全风险管控技术体系。综合考虑行业特点、区域分布、风险等级、管理需求等因素，选取典型在产企业用地开展地块详细调查、风险评估、预防预警及风险管控的示范；选取已关闭搬迁地块开展详细调查、风险评估、风险管控的示范；总结分类分级管理应用示范经验，建立健全污染地块风险管理的技术支撑体系。

加强污染地块土壤污染风险管控工作。列入大冶市土壤污染重点监管企业名单的企业，依据相关技术规定，制定企业土壤污染风险管控方案，报各镇（乡、街道）生态环境部门备案；各镇（乡、街道）负责对在产企业土壤污染风险管控方案落实情况及落实效果进行监督核查。对风险管控方案未落实或管控效果不达标的企业，实施经济或行政处罚措施。列入大冶市污染地块优先管控名录的地块，根据地块的土地开发利用规划，对暂不开发的地块，由相关责任人负责制定地块土壤污染风险管控方案，并报各镇（乡、街道）环保局备案。责任主体不明确的，由各镇（乡、街道）人民政府制定土壤污染风险管控方案。

二、建设用地土壤治理修复

1. 建立档案系统与信息化管理平台

结合工业污染地块治理修复监管需求，建立工业污染地块档案系统与信息化管理平台，实现污染地块信息统一、规范的信息化管理，为污染地块管理决策服务提供技术支撑。档案信息与信息化管理平台包括工业污染地块档案信息管理，危害评估与风险分级、调查、风险评估，修复工程实施，修复验收等功能模块。实现包括污染地块信息输入、输出、查询、更新，污染地块调查、评估、修复与验收的全过程信息化管理。

2. 建立污染地块治理优先名录

污染地块治理坚持重点污染地块优先治理原则。所谓重点污染地块，是指对人居环境安全、饮用水安全等危害较大的污染地块。基于大冶市企业用污染地块优先名录的筛选结果，确定污染治理与修复的顺序。在污染地块优先名录的基础上，结合土地开发利用规划，启动重点污染地块治理工作。截至 2014 年年底，大冶市累计关停多家"五小企业"，遗留的污染地块由所在镇（乡、街道）人民政府负责土壤和地下水污染治理。2020 年底前，完成多个污染重、风险高的典型污染地块治理与修复工作。

3. 明确相关责任主体

明确工业污染地块治理的相关责任主体。本着"谁污染、谁治理"的原则，造成地块污染的单位是承担环境调查、风险评估和治理修复责任的主体。造成地块污染的单位发生变更时，由变更后继承其债权、债务的单位承担相关责任。责任主体灭失或责任主体不明确的，由所在地镇（乡、街道）人民政府依法承担相关责任。

4. 制定土壤污染治理与修复方案

大冶市各镇（乡、街道）根据建设用地土壤污染状况调查结果，综合考虑建设用地环境风险情况，土地开发需求，制定建设用地土壤污染治理与修复规划，明确重点任务、责任单位和分年度实施计划，建立项目库。污染地块治理过程中坚持环境风险管控优先、管控与修复结合。根据污染地块的污染现状、未来土地利用方式、受体暴露风险，综合考虑技术水平、经济成本等因素，因地制宜地制定污染地块风险控制方案，避免过度修复，优先选用绿色可持续修复技术。

5. 加强污染地块治理修复工程监管

探索建立适合当地实际的准入条件，设定从事污染地块环境调查、风险评估、治理修复单位的准入条件，对相关单位的资金、技术、人员、业绩提出要求。建立健全专家论证评审机制，市生态环境部门应组织专家对工业企业地块环境调查、风险评估、治理修复等文件以及治理修复后的环境监测报告的科学性、合理性等进行论证评审。建立健全档案管理制度，工业企业地块环境调查、风险评估、治理修复及治理修复后的环境监测等各环节资料及论证评审资料应由市环保局备案并长期保存。加强修复施工过程的环境监管。对环境影响较大的修复项目，引入环境监理制度，对修复过程的二次污染防治情况进行跟踪监督管理。相关生态环境部门应定期对污染地块修复工程的污染防治措施进行监督监察，保障污染地块修复过程的环境安全和人员健康。建立工业污染地块档案系统与信息化管理平台，建立污染地块治理的优先名录，制定工业污染地块修复工程过程相关的管理和技术文件。

第四节　矿业废弃地风险管控

各镇（乡、街道）要加强对矿山等矿产资源开采活动影响区域内未利用地的环境监管和风险管控，由生态环境部门及自然资源和规划部门牵头，发展和改革、公安、水利和湖泊、农业农村等部门参与。

矿业废弃地是指因矿冶活动所破坏的，非经治理而无法使用的土地。矿业废弃地主要包括排土场、尾矿、废石场、采矿区和塌陷地等。笔者前期调查和现场踏勘结果显示，目前大冶市的尾矿库主要分布在陈贵镇、还地桥、金湖街道等地。根据大冶市矿业废弃地的特点，采取相应的治理措施，例如排土场主要采用以植被恢复为主的技术，尾矿库主要采用风险阻隔和植被稳定为主的技术。在矿业废弃地治理过程中，必须考虑当地的实际情况，选择当地气候条件适宜生长的植被品种。

目前大冶市开展的尾矿库污染治理工程中，总体思路是"源头控制、风险管控、生态恢复"。一是通过隔离、封存等物理方法和碱性化等化学方法使尾砂稳定和固定；二是通过减少雨水或其他地表径流下渗总量，以此降低淋溶作用导致的重金属污染物的迁移扩散。通过密闭覆盖以隔绝堆场与降水的接触，以及结合生态治理辅助工程，是堆场治理污染的根本途径。阻止水与堆渣的接触，可以有效阻止排土场渗滤液及重金属的溶出，将"源头控制"和"末端治理"两者实现有效结合，从治本的角度解决尾矿堆场对环境的污染。另外，尾矿库污染治理还包括尾砂表层的植被覆盖，恢复尾矿库污染土壤的生态功能。实施尾矿库资源的开发利用工程，实现尾矿资源"变废为宝"，充分回收库内有价金属，提高经济效益，又可有效规避尾矿库安全隐患，延长尾矿库的服务年限。

矿业废弃地及其周边农用地污染土壤的修复技术主要包括工程治理、钝化修复技术、植物修复技术、农艺调控、土壤淋洗技术和微生物修复技术等，具体技术的介绍见本章第二节内容。

一、工矿废弃地现状调查

对大冶市的工矿废弃地进行调查，充分利用调查成果，筛选出需要复垦的工矿废弃地。开展废弃地的实地调查，调查内容包括：了解废弃地面积、坡度、有效土层厚度、土壤质地、水源保证情况、权属；损毁前利用类型、利用状况，损毁后废弃地的类型、程度以及当前的权属状况；可复垦的土地利用类型及面积等。开展工矿废弃地土壤污染调查。通过现场取样分析，查明废弃地土壤主要污染物类型、污染程度，根据地块环境条件，评估土壤污染风险。

二、优先复垦区域的划定

在工矿废弃地现状调查的基础上，以待复垦地块为评价单元，根据废弃地复垦的影响因素，分析各类工矿废弃地复垦利用的方向、潜力大小。综合考虑社会经济、科技水平、资金投入能力、群众意愿等因素，科学评价可复垦为耕地和其他类型用地的面积。对新复垦的耕地等级进行预评价，按照乡镇汇总待复垦地块潜力，最终形成工矿废弃地复垦利用潜力结果，根据潜力分析结果，编绘潜力分布图。

为统筹安排工矿废弃地复垦、科学规划工矿废弃地复垦方向和结构，实现工矿废弃地复垦利用的目标，划定优先复垦区域。优先复垦区域的划分原则为：①复垦潜力大，分布相对集中；②复垦基础条件比较好；③原则上不打破镇（乡、街道）级行政界线；④有利于保护和改善区域生态环境；⑤与土地利用总体规划、土地整治规划划定的土地复垦区域相衔接，优先考虑将基本农用地整备区、土地整治区内的工矿废弃地划为复垦区，允许建设区和有条件建设区内不得安排复垦区。

从现有资料来看，优先复垦区域应重点关注还地桥镇、金湖街道、灵乡镇、陈贵镇、大箕铺镇、金山店镇等区域。上述乡镇工矿废弃地面积大、分布集中，不同类型工矿废弃地复垦重点关注区域见表6-7。

表6-7 大冶市不同类型工矿废弃地复垦重点关注区域

工矿废弃地类型	重点关注区域
废弃采矿地 （包括已废弃和即将废弃的）	保安镇、金山店镇、还地桥镇
采矿工业废弃地	金山店镇、殷祖镇、金湖街道、灵乡镇、还地桥镇、陈贵镇、大箕铺镇
尾矿库	罗桥街道、金山店镇、刘仁八镇、金湖街道、灵乡镇、陈贵镇
地质灾害隐患地	保安镇、金山店镇、还地桥镇、陈贵镇、大箕铺镇
受工矿活动影响的废弃地	罗桥街道、金湖街道、陈贵镇

三、工矿废弃地复垦

工矿废弃地复垦过程中要严格执行国家、湖北省、黄石市和大冶市发布的土地复垦方面的法律、法规、技术规范等。组织工矿废弃地的复垦，并严格管理，确保按要求复垦到位。工矿废弃地复垦应坚持山、水、田、林、湖、草综合整治，优先复垦为耕地。复垦后的土地不得改变农业用途，通过承包等方式就近确权给农村集体经济组织和农户使用，确保复垦后的土地的有效利用。

四、复垦工矿废弃地污染风险控制

大冶市现有大部分工矿废弃地是由有色金属采选和冶炼过程损毁造成的，这些废弃地可能都存在不同程度的土壤污染问题。开展工矿废弃地复垦工作时，要重视土壤污染调查和控制。工矿废弃地现状调查时，需同时调查矿山废渣和土壤的污染情况，明确污染物的类型、污染程度和范围。编制工矿废弃地复垦方案时，应根据复垦后土地用途，分析土壤中污染物的迁移扩散途径，评估土壤污染的环境风险；针对有污染风险的废弃地，需同时制定土壤污染风险控制目标，编制土壤污染风险控制方案。废弃地复垦工程竣工验收阶段，应将土壤污染的风险控制效果作为验收指标之一。开展废弃地复垦效果长期监测工作时，应包括土壤污染控制长期效果监测的相关指标和内容。

矿山废弃地土壤污染治理应坚持以污染风险阻隔为主，即通过切断污染物迁移扩散途径，达到风险控制的目的。可用的技术包括工程阻隔技术、植物阻隔技术等。工程阻隔技术是通过建立边坡防渗、底层防渗等设施，限制污染物的侧向和垂向迁移，防止污染地表水和地下水；通过建设污染物隔离层，防止植物根系接触到污染物。植物阻隔技术是筛选对废渣中污染物积累较少的作物品种，降低污染物进入农产品的风险，同时利用植物根系的固定作用，减少污染物的迁移和淋滤。

目前，含重金属废渣处置与治理有多种途径：一是改变重金属在渣体中的存在形态，使其固定，降低其在环境中的迁移性和生物可利用性，比如重金属的固定化/稳定化、钝化技术等；二是从渣体中去除、回收重金属，使其存留浓度及环境风险达到可接受水平，比如淋洗技术、资源化冶炼回收技术；三是植物修复技术，包括植物吸收、植物固定技术，或对受污染区域绿化以减少因水土流失引发的重金属污染扩散；四是直接将重金属污染废渣原位阻隔或者挖掘至指定地点进行安全填埋。

综合矿冶区历史遗留含重金属尾矿砂的污染状况、周边生态环境以及当地社会、经济发展水平，对治理技术进行初步筛选。通过综合考量，初步筛选出四种潜在适用的治理技术：阻隔填埋技术、异位固化/稳定化技术、水泥窑协同处置技术以及资源化利用技术。

1. 阻隔填埋技术

阻隔填埋技术是将废渣或污染土壤（或经过治理后的废渣、土壤）置于具有防渗阻隔作用的填埋场内，或通过敷设阻隔层阻断污染物迁移扩散的途径，使污染废渣或土壤与四周环境隔离，避免污染物与人体接触、随降水或地下水迁移进而对人体和周围环境造成危害。

按其实施方式的不同，阻隔填埋可以分为原位阻隔覆盖和异位阻隔填埋。原位阻隔覆盖是将污染区域通过在四周建设阻隔层，并在污染区域顶部覆盖隔离层，将污染区域四周及顶部完全与周围隔离，避免污染物与人体接触或随地下水向四周迁移。另外，也可根据地块实际情况结合风险评估结果，选择只在地块四周建设阻隔层或只在顶部建设覆盖层。异位阻隔填埋是将废渣或污染土壤（或经过治理后的废渣或土壤）阻隔填埋在由高密度聚乙烯膜（HDPE）等防渗阻隔材料组成的填埋场内，使污染土壤与四周环境隔离，防止污染土壤中的污染物随降水或地下水迁移、污染周边环境、影响人体健康。

阻隔填埋技术虽不能降低废渣或土壤中污染物本身的毒性和含量，但可以降低污染物在地表的暴露及其迁移。

一般来说，阻隔填埋技术主要用于对含有重金属的废渣及土壤的治理，不宜用于水溶性强的污染物，或应用于渗透率高或是地质活动频繁和地下水水位较高的污染土壤和地区。处理周期和成本与工程规模、污染物类别、污染程度密切相关，相比其他修复技术，处理周期较短。

2. 异位固化/稳定化技术

异位固化/稳定化技术是向污染废渣或土壤中添加固化剂/稳定化剂，经充分混合，使其与污染介质、污染物发生物理、化学作用，将污染废渣或土壤固封为结构完整的具有低渗透性的固化体，或将污染物转化成化学性质不活泼形态，降低污染物在环境中的迁移和扩散。该技术适用于金属类、放射性物质、腐蚀性无机物、氰化物、砷化合物等无机物以及农药/除草剂、石油或多环芳烃类、多氯联苯类以及二噁英等有机化合物废渣和污染土壤，不适用于挥发性有机化合物一类的污染物。修复治理成本主要受污染物类型及其污染程度、固化剂/稳定化剂的添加剂量和种类、废渣/土壤污染深度和挖掘难易程度等多因素影响。

3. 水泥窑协同处置技术

水泥窑协同处置技术是利用水泥回转窑内的高温、气体长时间停留的特点，在生产水泥熟料的同时，焚烧固化处理废渣或污染土壤，具有热容量大、热稳定性好、碱性环境、无废渣排放等特点。有机污染废渣或土壤从窑尾烟气室进入水泥回转窑，窑内气相温度最高可达 1800℃，物料温度约为 1450℃，在水泥窑的高温条件下，废渣或污染土壤中的有机污染物转化为无机化合物，高温气流与高细度、高浓度、高吸附性、高均匀性分布的碱性物料（CaO、$CaCO_3$ 等）充分接触，有效地抑制酸性物质的排放，使得硫和氯等转化成无机盐类固定下来；重金属污染废渣或土壤从生料配料系统进入水泥窑，使重金属固定在水泥熟料中。该技术适用于含有重金属（汞、砷、铅除外）及有机污染物的废渣和污染土壤；由于水泥生产对进料中氯、硫等元素的含量限值有要求，在使用该技术时需慎重确定污染土的添加量。处理周期与水泥生产线的生产能力及污染废渣或土壤投加量相关，而污染废渣或土壤投加量又与废渣或土壤中污染物特性、污染程度、土壤特性等有关，一般通过计算确定污染废渣或土壤的添加量和处理周期，添加量一般低于水泥熟料量的4%。

4. 资源化利用技术

资源化利用技术是将尾砂等固体废物的可利用部分充分回收利用，按照固体废物从"无害化"走向"资源化"，以"资源化、无害化、减量化"作为控制固体废物污染的政策。有色金属冶炼产生的固体废弃物品种多，有价元素含量高，所能创造的经济效益也较大。因此，采用先进技术在进行冶炼固体废弃物"解毒"的过程中，将其中各种有价值的金属提取出来，这是矿山及冶金固体废弃物处置资源化的最重要途径。但是，部分区域所涉及的尾矿砂，有价元素含量较低，基本无提取价值，因此也很难对其进行回收利用。

第五节　环境监管能力

环境监管能力的提升主要包括以下四个方面：一是建立建设用地土壤环境监管制度，提升地方生态环境部门对地表水、地下水、土壤、沉积物、植物、大气等方面的基础监测分析能力，建立涉重金属企业在线监测体系；二是建设用地土壤环境管理机构与队伍，加强重金属监察执法能力建设；三是建设监测与应急设备设施，健全重金属污染事故预警与应急体系，建立健全重金属污染环境、健康、生态风险评价系统，健全重金属污染事故预警应急体系和快速反应机制；四是在修复项目完成后，对建设用地进行管理，防止再次造成污染。

一、土壤环境监管制度建设

完善现有土壤环境监管制度，包括：①建立土壤环境质量状况定期调查制度。在国家要求每 10 年开展 1 次土壤环境质量状况定期调查的基础上，在土壤环境质量敏感区域或农产品污染超标区域建立定期监测制度，设立敏感区域监测点位，增加监测频次。②建立农用地土壤环境质量预警制度。根据每年监测数据变化趋势，在土壤环境质量发生退化、恶化之前提出预警，及时采取措施，使农用地土壤环境质量步入良性循环。③完善环境统计报表制度。环境统计报表制度分为环境综合统计报表制度和环境专业统计年报制度。增加其中可能影响土壤环境质量的统计数据，如农用地土壤污染修复面积、工业污染地块修复完成数量，重点污染企业排放量统计等。

建立生态环境、住房和城乡建设、自然资源和规划等部门联合监管制度，明确各部门对土壤环境的监管职责，有效地开展协同土壤污染保护与执法工作。各镇（乡、街道）生态环境部门抓好统筹协调，加强督促检查，每年 2 月底前总结上年度土壤污染监察工作情况，并向上一级环保部门报告。

二、土壤环境管理机构与队伍建设

为适应环保工作新形势和新任务的需求，大冶市生态环境相关部门增设土壤科，镇（乡、街道）配备土壤环境监管专职人员，向上级主管部门申请增设土壤科行政机构和事业编制。2020 年底前，设立土壤环境监管机构或配备专职人员的镇（乡、街道）比例达 100%。

为提高环境监测的整体水平，在专业人才培养方式上，可采用与相关科研院所或专业人才培训基地合作的方式，建立高效、务实的专业环境监测队伍。也可邀请国内知名专家和培训机构，就环境监测方面难以解决的技术问题，开展专题培训，例如，重金属检测方法培训、土壤采样技术培训、有机污染物识别分析培训、痕量和超痕量污染物分析测试方法培训、放射性源分析检测方法培训、环境污染物生态学指标快速判断方法培训等。针对区域性的环境污染危险源头，进行针对性的研究分析，充分掌握其位置分布与种类特点。在结合已有的环境处理工作经验的基础上，建立特定的处置措施与应急监测方法。针对政府生态环境机构的官员和重点污染企业管理者，开展相应的环保知识培训、环境管理能力培训，培训内容主要包括国内环境保护法律法规和政策、国内土壤污染防治法律法规和政策等。针对污染地块管理办法、地块污染识别、风险评估、地块修复和污染控制技术等方面进行培训。

三、监测与应急设备设施的建设

统筹环境监察、监测、应急、信息化等重点工作。配备必要的现场执法、应急重金属监测仪器和取证设备，加强监测实验室重金属监测能力建设和人员培训，加快推进重金属污染源监控中心和重点污染源自动监控系统的建设。在重点防控企业试点建设污染源在线监控系统，在市重点规划单元区配置重金属监测实验室仪器设备系统，对重点规划单元的污染源及其周边土壤、农作物和人体健康等开展长期跟踪监测和规划实施效果跟踪评估。

应急监测是体现监测能力水平的一个重要方面，但是，部分地区存在应急监测设备开机率严重不足等问题。因此，在建设应急监测能力时，要考虑如何将应急监测设备应用到常规任务中去，做到"平战结合"。任何监测设备都需要专业人员去操作，在能力建设中，人力资源（包括人数和专业素质）能否与仪器设备配套要充分加以考虑，实现设备与人员的同步发展。对环境执法人员每三年开展一轮土壤污染防治专业技术培训。

四、建立事故应急体系

制定或完善群发性土壤污染危害事件应急预案，储备必要的应急物资、诊疗器械和药品。土壤污染危害事件发生后，市政府须在第一时间依法妥善处理，尽量化解矛盾，控制事态发展。应立即启动快速反应机制，先控制事态发展，排查污染源，优先保证食品和饮用水安全。科学、合理地确定受污染危害高风险人群，委托具备检测条件的机构，按照有关规定对其进行健康体检，对确诊患病的人员给予积极治疗，如实公布污染及其对人群健康的危害情况，组织做好污染事件的有关善后处理工作。由肇事企业承担产生的相关费用。

依据实际环境突发事故要求及工作经验，制定相应的切实可行的环境应急监测预案。环境应急监测技术规范与要求的完善能够保证应急监测工作更加科学与规范，保证监测工作的有序高效，做到大部分监测工作均有章可查、有章可循。环境应急监测预案应当包括对应急监测工序、监测方法、监测仪器设备使用、监测报告等方面的内容，保证应急监测的质量。

应急监测装备是正常开展应急监测的重要保障，主要包括人员防护装备、交通工具、通信设备、采样和分析设备等。改善基层环境执法条件，配备必要的土壤污染物快速检测等执法装备。其中，应急监测车（配有发电机、实验台、气象仪、气体储存钢瓶和计算机等设备）是应急监测必须配备的，根据污染事故的类型，应急监测车还可根据需要随时搭载多功能水质现场快速测量仪、多气体快速监测仪、放射性便携式监测仪、生物快速检测仪器等设备，可以及时对污染物进行快速定性和初步定量监测，为政府决策提供准确依据。

建立全市应对突发性环境污染事件的应急监测网络、预警通报网络、救援防护网络，快速、及时、准确地为政府妥善处理突发性污染事故提供决策依据。生态环境部门内部成立应急指挥组，监测站成立应急监测组，明确应急监测的现场采样、分析、质量控制、报告编制和后勤保障工作（如车辆）的各个环节负责人。

应急演练是日常准备中最容易忽视的环节。突发事故发生后，各种污染监测条件难以预料，没有相应的应对技能，难以安全、快速地完成监测任务。例如，在化工企业污染现场，近距离地监测需要穿着防护服、佩戴正压式呼吸器，需要更换相应的传感器。这些看似简单的事情，如果不能熟练完成，可能会耽误宝贵的时间。通过演练可以检验环境污染事件应急方案，提高全员安全意识，提高突发污染事故应变能力，使监测及有关人员掌握应急救援的运行程序和方法，提高各组协调配合的能力，并能快速有序地在尽可能短的时间内，正确判断出突发事故的污染物种类、浓度、污染范围及可能造成的危害，为管理部门及时采取有效措施妥善处理、处置突发事故提供科学的决策依据，为有效控制污染危害的蔓延取得宝贵的时间。

五、工程管理

项目实施前、实施过程中和完成验收后，都需要对区域内进行管理，确保工程的顺利完成和质量。在工程验收后，需采取对应措施，防止对区域内土壤造成二次污染。另外，需要定期对土壤和农作物进行采样和监测，评估长期修复效果，确保土壤质量、农产品安全和人体健康。

1. 污染源控制

同时加强内源和外源重金属污染物来源的监测与管理。一是要强化对种子、种苗、化肥、农药和有机肥等农业投入品的监管，严格控制镉（Cd）等重金属污染物随农业投入品进入农用地土壤。二是要加强对农田灌溉水和大气沉降的监测与预警，有效防止部分重金属污染物随灌溉水和大气沉降进入农用地土壤。确保重金属污染农用地面积不扩大、污染程度不加重，保障农用地重金属污染的综合防治工作有序开展。

2. 科技支撑

一是组织有关科研院所重金属污染防治专家，成立专家组，负责相关技术方案制定、人员培训、技术指导、数据库建立、数据处理软件开发、数据分析评价等。在现有研究基础上，强化技术标准建设，形成分区治理技术规范，加强低累积水稻品种选育，深化农用地土壤重金属污染修复技术研发、组装集成和中试示范工作，为污染治理提供科技支撑。

二是加强农用地土壤重金属污染调查评价和综合防治技术指导，开展全程服务。针对调查评价和重金属污染综合防治，既要做好产前信息服务、农资供应、技术培训，又要做好产中的技术推广、机械作业、测土配方施肥、病虫害绿色防控，还要做好产后加工、营销服务，特别是加强关键技术、优良品种、新型农业机械的引进、试验、示范和农产品质量安全检测，以及农业生态环境和农业投入品使用监测等环节，提高农业生产全程服务水平；强化技术指导，以农技人员包村联户为主要形式，结合抓点示范、科技咨询等，开展进村入户技术指导，做实农业技术服务工作，推广农用地土壤重金属防治技术，实现本土化。

三是组建专业化服务组织，对重金属污染农用地分区防治的关键技术环节，采用统一供应种子种苗、统一技术规程、统一施用钝化剂等方式，确保治理质量。

3. 环境管理计划

在项目实施的不同阶段，项目环境管理有着不同的工作内容。环境管理计划最重要的工作任务就是确保所提出的各项环境保护措施得到切实有效的落实，包括：①在项目设计、施工合同中纳入环境管理计划中的环境保护措施；②在项目施工中，施工单位对施工期环保措施的落实；③项目验收，项目运营期监督管理，环境管理计划检查的机制、报告的机制、存档的机制。通过检查日常的工作来反映工作的时效性。

环境影响评价期间，通过召开座谈会和发放调查表收集居民意见，公众可通过座谈会反映意见，或填写评价单位发放的调查表提出意见，可主动索取调查表提意见；也可以向建设单位或评价单位来函、来电、传真、发送电子邮件等方式提出意见；项目施工期或运营期，公众可向施工单位或建设单位来函、来电、传真、发送电子邮件等方式提出意见；环评单位、施工单位或建设单位在接到环保投诉或行政部门整改通知后，应即刻会同设计等相关部门组织走访和调查，并根据实际情况进行整改，并将整改方案予以公示，以解决纠纷。

4. 建立反馈机制

根据环境监测报告和监管机构检查结果，完善环境管理计划。如果在检查时发现与环境管理计划中的内容有重大偏差，或是项目的变更造成了巨大的不利环境影响，或是使受不利环境影响人数显著增加，项目管理部门立即邀请专业的环境咨询机构成立评估团队，进行额外的环境评估，如有必要，还要进行额外的公众咨询。修改后的环境管理计划也须告知实施机构和承包商按照修改的内容实施。

5. 制定环境监测计划

制定环境监测计划是为了监督评估各项措施的效果，以便根据监测结果对项目方案调整和完善，确保土壤污染防治政策措施取得成效。一般监测内容主要包括土壤中重金属污染物含量、土壤 pH 值、有机质含量、土壤肥力以及农产品质量和产量等。环境监测目的是为全面、及时掌握拟建项目污染动态，了解项目建设对所在地区的环境质量变化程度、影响范围及运行期的环境质量动态，及时向主管部门反馈信息，为项目的环境管理提供科学依据。

6. 制定补偿机制

经过与当地农业农村部门以及农户的协商，拟定基本补偿标准方法，各地根据实际情况可以进行适当调整。对于涉及投入大的种植结构调整项目，如改种花卉苗木，鼓励当地探索"农户互保＋干部担保"以及"公司＋基地＋农业合作社＋农户"的模式。另外，大力培育农业合作组织，并通过培训提升其组织管理能力和服务能力。

7. 加强技术培训

为化解治理过程中的技术风险，首先，应通过多种方式加强对当地农户的技术培训；其次，应制定农户培训补助；最后，开展农业部门要对淹水灌溉、撒改良剂、施用有机肥、种植绿肥、喷施叶面阻控剂、增施土壤调理剂以及种植结构调整方面的技术培训。

8. 加强组织协调

为降低管理过程中的风险，首先，应厘清市、乡镇和村多地组织相应的职责，并落实到具体个人；其次，可成立由"市农业局＋农业专家"组成的技术协调小组，就项目施工期间派当地代表进行沟通协调，充分考虑到当地居民的生产生活需求和习惯，合理安排项目施工进度，尽量避免道路阻挡和噪声对当地居民影响，为安全施工创造有利条件。

9. 管控舆情风险

项目区潜在的舆情风险控制措施包括：首先，在项目启动阶段，项目方对监测数据应该适当保密；其次，加大宣传，提高居民的环保意识；最后，制定参与和协商原则。具体措施包括：①面向全体农户宣传食品安全知识，使农户认识采取必要措施是可以有效降低重金属污染的；②采取相关宣传措施，正确引导舆论，防止以讹传讹；③项目各阶段都应注意用词，尽量避免贴标签。

第六节　土壤污染防治发展趋势

一、大冶市土壤污染变化趋势

土壤重金属污染是由长期矿冶活动累积造成的，范围较大、程度较深，难以在短期彻底解决。在较长一段时间内，大冶市的土壤重金属污染问题将一直存在，对农产品质量安全的隐患也将持续存在，甚至对人体健康的影响也将在一定程度上逐渐凸显出来。目前，大冶市在土壤污染源控制方面已开展了一些工作，但部分"涉重"企业仍在运行，新兴中小企业陆续进入市场，土壤中重金属仍有继续累积的风险，局部区域土壤重金属污染有加重的趋势。但是，随着大冶市近年来注重生态环境的保护，坚持生态建设产业化和产业发展生态化，以创新为动力，培育战略性新兴产业，发展现代服务业和高效生态农业，推进传统产业生态化改造，依靠发展生态型接续产业促进产业转型升级等措施的进一步落实，逐步减少污染物质排放，土壤环境污染问题有望进一步得到改善。

二、大冶市土壤综合防治发展趋势

随着人民生活水平的日益提高，温饱问题已经解决，大气污染、水污染和土壤污染等环境问题日益成为社会各界关注的重要问题。传统企业重金属污染状况随着科学技术的进步将得到一定改善。"涉重"企业造成的重金属污染问题依然存在，但随着清洁生产技术的应用和污染治理力度的加强，重金属污染问题将得到一定缓解。落后产能淘汰将缓解结构性污染问题。逐步计划淘汰不符合国家产业政策要求的企业，将促进改善地区产业布局，缓解结构性污染问题。源头清洁生产和末端污染治理示范项目可推动污染控制、治理技术在地方的推广和应用，也将缓解重金属污染问题。

近年来，党中央、国务院高度重视土壤污染与农产品安全问题，做出了一系列重要部署。2010 年 11 月 10 日，李克强总理在中国环境与发展国际合作委员会年会开幕式上指出，要"加快解决水、空气、土壤污染等损害人们身体健康、影响人们生产生活的突出环境问题，为广大人民群众创造宜居环境"。十一届全国人大四次会议审议通过的《国民经济和社会发展第十二个五年规划纲要》明确要求，"强化土壤污染防治监督管理""以解决饮用水不安全和空气、土壤污染等损害群众健康的突出环境问题为重点，加强综合治理，明显改善环境质量""开展受污染场地、土壤、水体等污染治理与修复试点示范"。这不仅为"十二五"和今后一段时期土壤环境保护工作指明了方向，同时也对土壤环境保护工作提出了新的更高的要求。《中华人民共和国土壤污染防治法》的颁布，为我国开展土壤污染防治工作、扎实推进"净土保卫战"提供法律保障。

　　2011年，环境保护部（现生态环境部）发布的《关于进一步加强农村环境保护工作的意见》（环发〔2011〕29号）中明确要求：要加强土壤环境保护基础性工作，开展全国主要粮食产区、蔬菜基地和矿产资源开发影响区等重点地区土壤污染加密调查，建设和完善全国土壤环境信息管理系统；开展土壤环境功能区划，实行分类分区环境管理。2013年1月，《国务院 办公厅关于印发近期土壤环境保护和综合治理工作安排的通知》（国办发〔2013〕7号）中明确要求，实施土壤环境基础调查、耕地土壤环境保护、历史遗留工矿污染整治、土壤污染治理与修复和土壤环境监管能力建设等重点工程。2016年5月28日，《国务院关于印发土壤污染防治行动计划的通知》（国发〔2016〕31号）明确了最近一个时期我国土壤污染防治的目标任务和主要措施，是土壤污染防治的纲领性文件。2018年6月22日，《土壤环境质量 农用地土壤污染风险管控标准（试行）》（GB 15618—2018）和《土壤环境质量 建设用地土壤污染风险管控标准（试行）》（GB 36600—2018）的发布，为农用地和建设用地土壤调查和风险评估提供了重要依据。2018 年 8月 31 日，第十三届全国人民代表大会常务委员会第五次会议审议通过我国首部《中华人民共和国土壤污染防治法》，标志着我国土壤污染防治走上规范化、系统化和法制化轨道。

　　《国务院关于印发土壤污染防治行动计划的通知》（国发〔2016〕31号）将黄石市列为全国六大土壤污染综合防治先行区之一，为解决黄石市和大冶市土壤污染问题提供了历史机遇。随着黄石市陆续被国家划定为"重金属污染防治重点防控区""工矿废弃地复垦试点""土壤污染综合防治先行区"，作为其中的重点区域，大冶市加大污染源治理力度，重点工业企业随着技术升级改造、污染治理设施完善，已大大减少了污染物的排放，降低了土壤继续受污染的风险。工矿废弃地复垦工作的开展，减少了裸露矿山、非正规尾矿库、废石堆积场等废弃地对周边环境，特别是对土壤环境的危害风险。作为黄石市土壤污染综合防治先行区的重点区域，大冶市在污染源与工矿废弃地逐步得到治理的前提下，随着重金属污染防治法规、制度、政策和技术的建立和完善，重金属环境监管能力将明显提高；随着产业结构优化升级，技术产业的支撑加强，重金属产生和排放强度明显下降，工业污染源得到全面治理控制；工业、农业、生活污染源得到有效治理和控制，重点防控区域环境质量有所好转，继续开展土壤污染源综合治理、农田土壤污染控制、城市污染地块修复等工作，建立土壤环境保护监察监管体系，危害群众健康的重金属污染问题将得到基本控制；历史遗留污染治理取得初步成效，环境安全水平不断提升。

三、预期效果

1. 改善环境质量

通过对矿冶区土壤污染来源的控制，从工矿企业、集中治污设施、农业生产过程和生活污染等方面严格控制土壤新增污染，并对农用地土壤进行分类管理。针对不同质量类别农用地，提出相应管理措施，能够促进未受污染农用地得到有效保护，受污染农用地得到安全利用。通过加大环境执法和污染治理力度，严格环境准入，加强矿产资源开发活动集中区域的土壤环境监管，控制交通运输对土壤造成的污染，以及推行农业清洁生产、加强畜禽养殖业土壤环境监管等措施，可预防工矿业、农业活动等对土壤环境造成新污染，防止土壤污染程度加深和面积扩大，对现有未污染土壤实施有效保护。

修复工程的实施可彻底解决部分农用地的污染问题，促进生态环境进一步改善。重金属污染土壤的治理、修复和管理措施有利于维持生态平衡，提高生物多样性，降低有害物质通过土壤传递的途径，减少次生危害，维持区域土壤环境的良性循环。另外，除了农用地土壤环境的改善，先行区的大气环境质量和水环境质量也将随之改善，人均农用地绿地面积也将随之增加。治理恢复工矿废弃地的生态环境，消除水土流失和矿山地质灾害隐患，可减少地质环境问题带来的二次破坏和二次污染。逐步解决矿产资源开采的历史欠账，将工矿废弃地改造成"湿地、林木、油茶园、沟渠相通、路相连"的错落有致的新农用地景观，起到固土、蓄水、污染净化和美化环境，使区域生态环境系统呈现良性循环。

2. 增加农业经济效益

对受污染农田实施安全利用与修复，以保护农作物增产和品质提升的土壤资源基础，为农产品产量和质量提供土壤环境保障，可降低生产成本，增强综合生产能力，提高单位面积农产品的产量和产值，增加农业生产效益。推进受污染农用地种植结构调整，有利于加快先行区蔬菜、林果、粮油种植和畜禽、水产养殖产业的发展，促进产业结构调整和农业产业化发展，进一步拓宽农户的增收渠道。在重度重金属污染的土壤中种植经济作物和苗木等，能够使土地实际收益不受到影响，对种植产品进行专企收购、专仓储存，能够减少农户在销售环节的支出。对受重金属污染程度不同的农用地土壤采取不同的修复理念，探索对整个大冶市更有效的、更实际的修复方法，可为将来全面解决大冶市和其他地区重金属污染问题提供技术集成示范和有益借鉴。

另外，修复工程的实施可改善农业基础设施，大力扶持土壤污染治理与修复服务咨询，鼓励企业委托专业化科研单位、高校和公司承担土壤污染治理与修复项目，推动土壤污染治理与修复技术的集成和设备研发，形成技术咨询、技术和设备研发、治理与修复工程建设、运行管理的完整产业链，提高土壤污染治理与修复的产业化水平，并增加大量环保就业机会。

3. 提高公众环境意识

土壤环境质量直接关系到农产品安全问题，尤其是人民群众关注的"菜篮子""米袋子"。通过农用地土壤环境保护、控制新增土壤污染、加强土壤环境风险控制、开展土壤污染治理与修复、提升土壤环境监管能力等方面的工作，可确保当地农产品质量水平和安全标准，增强作物的市场竞争力，消除群众对粮食和蔬菜安全的恐慌，保障人民群众的健康和社会和谐稳定，对促进矿冶型城市经济转型及社会经济的可持续发展具有十分重要的意义。

另外，我国土壤环境保护的公众参与机制尚未建立，公众关注的环境问题主要为大气污染和水体污染。土壤环境保护和综合治理工作的协同开展，把土壤环境保护教育融入学校、工厂、农村、社区等环境宣传和干部培训中。充分利用新闻媒体，宣传土壤环境保护的重要性，鼓励公众积极参与土壤环境保护。充分利用公众监督，壮大土壤环境保护的社会力量，形成良好的土壤环境保护公众参与氛围。

第七章　大冶市重金属污染防治工程实践

第一节　农用地土壤重金属污染安全利用工程

一、日常监测工程

1. 项目区域简介

本项目区位于湖北省大冶市还地桥镇，还地桥镇地处大冶市西北部，东与铁山区毗邻，南与金山店镇毗邻，西与保安镇相连，北与鄂州市碧石渡镇接壤；东距黄石市 27km，北至武黄高速入口 10km；距武汉 55km。据《大冶统计年鉴（2016 年）》数据，还地桥镇辖区面积 228km²，耕地总资源 118 090 亩，常用耕地面积达 75 040 亩，主要农作物为水稻、玉米、薯类、油料作物、大豆、红苕等。还地桥镇既是大冶市经济强镇，也是资源大镇、矿业重镇，是改革开放后受国务院首批表彰的企业产值过亿元乡镇，居湖北省"十强"乡镇之列。

还地桥镇农用地调查区域目前基本上仍作为农田使用。水田中主要种植的农作物为水稻，旱地分布较为分散，种植的作物类型较多，主要有玉米、红薯、蔬菜、棉花和蓖麻等。但是，一些区域在个别时间内被撂荒，部分农田改为水产养殖，总体上调查区域内农田利用率较高。

现场踏勘调研时发现，该片区调查面积近 1980 亩，周边沿线分布有大井村、下堰村和燎原村，主要污染可能来源于大井村某煤矿生产排放的废水，废水沿下堰河对周边农用地土壤造成污染。调查区域主要为村道周边和下堰河灌溉的农田区域，主要为水田和旱地。水稻主要为一季稻种植，由于品种间的差异，现场调查时部分水稻处于灌浆期，部分处于成熟期，旱地种植的农作物有棉花、蔬菜、红薯等。靠近煤矿和大井村东侧区域的土壤由于酸性废水的污染，近期没有进行耕种，几乎已全部成为撂荒地，荒草达 1m 多高。314 省道沿线北侧部分水田种植水稻，旱地主要有茶园和菜地等，分布有小面积的积水塘和鱼塘，地势较为平坦。下堰河在调查区域范围内，是周边农田的主要灌溉水系。区域内主要交通干线为 314 省道和锦冶线，区域内还分布有宽 2m 左右的乡村水泥道路。

根据调查资料，所选择的调查区域位于大冶市还地桥镇大井村—下堰村—燎原村和秀山村—松山村—团结村两个片区连片农田土壤范围内，紧邻 314 省道和锦冶线高速，交通运输较便利、快捷，周围紧邻的大井村、下堰村、燎原村等村庄可以为调查和施工人员提供基本的生活保障。

2. 项目状况调查

为准确掌握项目区区域农田土壤污染状况，笔者对项目区域进行了详细的现场踏勘和采样调查分析。通过现场调研、向当地有关部门和居民开展咨询等方式，在了解项目区域不同污染特征的基础上明确了调查范围，并按地理位置划分为多个小片区，分别对水田土壤、旱地土壤、地表水、农产品等采取不同的采样方法。根据《农田土壤环境质量监测技术规范》（NY/T 395—2012）、《土壤环境监测技术规范》（HJ/T 166—2004）和《农用地土壤样品采集流转制备和保存技术规定》（环办土壤〔2017〕59 号）等相关文件要求，同时结合现场踏勘情况，针对该区域农田土壤编制现场调查的详细采样工作计划及项目现场调查初步方案。实施过程严格按照采样计划与调查方案执行，直至完成采样与送检分析工作，并形成样品数据的分析成果。土壤、灌溉水和农产品样品采集现场情况如图 7-1 所示。

（a）采集旱地土壤样品

（b）采集水稻田土壤样品

（c）采集灌溉水样品

（d）采集水稻籽粒样品

图 7-1　土壤、灌溉水和农产品样品采集现场

1）土壤样品。区域内农用地主要为水田和旱地，为深入了解项目区的土壤重金属的污染程度和分布规律，采用网格布点法划分采样单元，按照技术规范采集表层（0～20cm）土壤样品。

2）尾砂样品。尾砂库占地面积较小，现场无序堆存，含水量较高，无截留和防护措施，根据现场情况，采用梅花布点方式，选取 5 点混合成一个样品。

3）地表水样品。调查区域内采集的地表水主要包括流经区域周边的下堰河、沟渠和水塘等灌溉水渠，大井村片区采集地表水样品 7 个，秀山村片区采集地表水样品 1 个，其他区域共采集地表水样品 9 个。

4）农产品样品。为了解区域内农作物中重金属的超标情况，根据现场常见农作物的分布和生长情况，在区域内采集土壤样品时，协同采集农产品，主要包括水稻籽粒、红薯和蔬菜等。

根据前期调查结果、资料和现场调研结果，确定土壤样品分析检测指标包含 pH 值、含水率、有机质、阳离子交换量、常见 8 种重金属元素全量[镉（Cd）、砷（As）、铅（Pb）、锌（Zn）、铜（Cu）、铬（Cr）、镍（Ni）、汞（Hg）]、六六六（六氯环己烷）、滴滴涕（DDT），水体样品分析检测指标包含 pH 值、常见 8 种重金属元素全量[镉（Cd）、砷（As）、铅（Pb）、锌（Zn）、铜（Cu）、铬（Cr）、镍（Ni）、汞（Hg）]，农产品分析检测指标包含镉（Cd）、砷（As）、铅（Pb）、铬（Cr）、汞（Hg）。

质量保证和质量控制的目的是为了保证所出具的样品检测资料具有代表性、准确性、精密性、可比性和完整性。质量控制涉及农田土壤环境质量调查的全部过程。在样品的采集、保存、运输、交接等过程应建立完整的管理程序。为避免采样设备及外部环境条件等因素影响样品，应注重现场采样过程中的质量保证和质量控制。本项目的质量控制与管理分为现场采样的质量控制与管理和实验室分析的质量控制与管理两个部分。

1）现场记录与样品质量要求：现场采样时详细填写现场观察的记录单，主要包括采样点编号、经纬度、气象条件、采样时间及日期、采样人员、土壤颜色、类型及质地、植被情况、周边环境描述等内容，以便为调查区域污染现状等分析工作提供依据。采样过程中采样员佩戴一次性聚乙烯手套，每次取样后进行更换，采样器具及时清洗；采用金属器具开挖土壤时，必须用木铲（或木勺）去除已开挖的土壤剖面，然后再进行样品的采集；采集土壤样品时，将所采集的样品（不少于 5 点）混合均匀，置于广口瓶或自封袋中。土壤样品采集完成后，在样品瓶上标明编号等采样信息，并做好现场记录（如经纬度、农用地现场种植情况、周边建筑、企业和道路）。农产品的采集过程与土壤样品类似，采集的菠菜、油麦菜等新鲜蔬菜必须装入自封袋内，并置于其他样品上方，确保不压伤，防止保存过程中发生腐烂现象。所有样品采集后均放入装有蓝冰的低温保温箱中，并及时送至实验室进行分析。在样品运送过程中，要确保保温箱内温度能满足样品对低温的要求。

2）质量控制样品要求：为确保采集、运输、贮存过程中的样品质量，本项目在现场采样过程中设定现场质量控制样品，包括现场平行样、相应数量的采样工具清洗空白、运输空白样等。在采样过程中，参照国内相关技术规范采集相应的土壤样品，采集不低于 5% 的平行样（样品总数不足 20 个时设置 2 个平行样；超过 20 个时，每 20 个样品设置 1 个平行样）。

3）样品保存、流转方法：样品采集后，指定专人将样品从现场送至临时实验室，到达临时实验室后，送样者和接样者双方同时清点样品，即将样品逐件与样品登记表、样品标签和采样记录单核对，并在样品交接单上签字确认，样品交接单由双方各存一份备查。核对无误后，将样品分类、包装后放于冷藏柜中，于当天或第二天发往检测单位。样品运输过程中均采用保温箱保存，严防样品的损失、混淆和玷污，直至最后到达检测单位分析实验室，完成样品交接。

4）实验室质量控制：包括实验室内的质量控制（内部质量控制）和实验室间的质量控制（外部质量控制）。前者是实验室内部对分析质量进行控制的过程，后者是指由第三方或技术组织通过发放考核样品等方式对各实验室报出合格分析结果的综合能力、数据的可比性和系统误差做出评估的过程。

为确保样品分析质量，本项目土壤样品分析选在具国际和国内双认证资质实验室进行。为了保证分析样品的准确性，除了实验室已经过国家计量认证（CMA）和中国合格评定国家认可委员会（CNAS）认证，仪器按照规定定期校正外，在进行样品分析时还对各环节进行质量控制，随时检查和发现分析测试数据是否受控（标准曲线、精密度和准确度等）。样品测定过程中，每 20 个样品设置 1 个质量保证样（双样，任选一个样品记录同样的编号，进行同样的测定）。平行样的相对偏差及相对差异控制范围需满足质控要求，可参考《土壤环境监测技术规范》（HJ/T 166—2014）中相关规定。当平行双样测定合格率低于 95% 时，除对当批样品重新测定外，再增加样品数 10%～20% 的平行样，直至平行双样测定合格率大于 95%。

根据前期对还地桥镇片区内农用地土壤的调查结果，可知该区域内土壤中的主要污染物为镉（Cd）、铜（Cu）和砷（As）。在后续的土壤安全利用和综合治理过程中，主要考虑土壤中镉（Cd）、铜（Cu）和砷（As）的含量，对土壤进行分级，同时适当考虑所分区域农产品的超标情况，从而采取有针对性的措施。对采集的农田土壤样品检测结果按照《土壤环境质量 农用地土壤污染风险管控标准（试行）》（GB 15618—2018）中相应的标准值进行评价。其中某村土壤中镉（Cd）、铜（Cu）和砷（As）的内梅罗综合污染指数值（P_n）处于 1～2 之间，因此建议开展日常监测工程。

水体样品检测结果按照《农田灌溉水质标准》（GB 5084—2005）中规定的标准限值进行评价，农产品样品检测结果按照《食品安全国家标准 食品中污染物限量》（GB 2762—2017）中相应农产品种类的标准限值进行评价。

3. 安全利用技术

该区域农用地面积约为 1500 亩，在日常监测过程中，保持原有耕种模式，即原土地所有人按照原模式（包括农作物种类、品种、种植时间等）耕种土地，但不得种植已确定的高累积品种作物，防止生产的农产品中重金属等污染物超标。日常监测工艺流程图如图 7-2 所示。耕种过程中使用的肥料和农药需由项目施工方统一采购和供应，不得使用不符合国家相关标准的肥料和农药等。

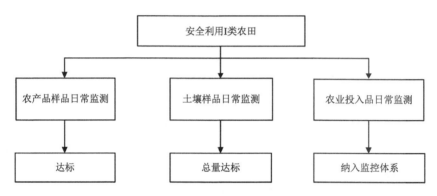

图 7-2　日常监测技术流程图

该区域需对土壤、农产品、肥料、农药和灌溉水进行日常监测（表 7-1）。每季农作物收获前，采用网格法布点，每个点位同时采集农产品和土壤样品，其中每个采样点为 5 点以上等量的混合样。在灌溉、施肥、喷药前，必须对灌溉水、化肥、有机肥和农药进行采样，其中，同一品牌且同一批次的化肥，分别在 5 袋未开封的化肥中，从每袋中各采集 1 个样品；同一来源的有机肥，在各个位置一共采集 5 个样品；同一品牌且同一批次的农药，分别在 5 瓶（或袋）未开封的农药中，从每瓶（或袋）中各采集 1 个样品；同一个水源用于灌溉多个地块农田时，在干渠采集 3 个水样，作为该灌溉水源的代表样品。在项目实施过程中，连续采集项目区大气沉降物，测定其中重金属的含量，评估大气沉降对该区域农产品中重金属累积的贡献，便于确定后续是否需要采取其他相应控制措施。上述样品采集后，低温保存，并尽快送至第三方检测机构，测定其中重金属等污染物的含量，并出具检测报告。

表 7-1　土壤、农产品、肥料、农药和灌溉水的日常监测数据

序号	监测对象	监测时间	样品数量	测试的重金属
1	土壤	每年 7 月和 10 月	35 个/年	镉（Cd）、砷（As）、铜（Cu）
2	农产品	每年 7 月和 10 月	35 个/年	镉（Cd）、砷（As）
3	化肥	施肥前	8 个/年	镉（Cd）、汞（Hg）、铅（Pb）、铬（Cr）、锌（Zn）、镍（Ni）、铜（Cu）和砷（As）

续表

序号	监测对象	监测时间	样品数量	测试的重金属
4	有机肥	施肥前	8 个/年	镉（Cd）、汞（Hg）、铅（Pb）、铬（Cr）、锌（Zn）、镍（Ni）、铜（Cu）和砷（As）
5	农药*	喷药前	8 个/年	镉（Cd）、汞（Hg）、铅（Pb）、铬（Cr）、锌（Zn）、镍（Ni）、铜（Cu）和砷（As）
6	灌溉水	灌溉前	10 个/年	镉（Cd）、汞（Hg）、铅（Pb）、铬（Cr）、锌（Zn）、铜（Cu）和砷（As）

* 目前我国暂时没有测定农药中重金属的标准方法，因此参考水质标准，也可采用其他相关标准。

　　在安全利用Ⅰ类区域，每季农作物收获时，采集土壤和农产品样品，详细记录采样时间、经纬度、土壤性质、农产品种类等样品信息；在农业投入品监测过程中，须详细填写样品记录表，包括灌溉水、化肥、有机肥和农药样品的采集时间、位置、表观性质和品牌（仅针对化肥和农药）等信息。以上土壤、农产品样品记录表、农业投入品样品记录表和第三方检测报告需保留，作为后续工程效果评估和项目验收的重要依据。

　　在验收时必须提供所有调查过程中的原始记录表和照片等资料。工程实施过程中，主要监测化肥、有机肥、农药等农业投入品、灌溉水、土壤和农产品样品中镉（Cd）、铜（Cu）和砷（As）的含量[其中农产品样品不需测定铜（Cu）的含量]。如果发现化肥、有机肥、农药等农业投入品和灌溉水中镉（Cd）、铜（Cu）和砷（As）的含量超过相应标准限值，则立即停止使用该农业投入品或灌溉水。同时，需要对项目区周边的污染源开展调查，主要包括污染源种类、工艺类型和主要排放的污染物等，并作详细记录。在监测过程中，如果发现土壤中镉（Cd）、铜（Cu）和砷（As）等污染物的含量逐年明显增加或已超过《土壤环境质量　农用地土壤污染风险管控标准（试行）》（GB 15618—2018）中对应的管制值，或农产品可食部位中镉（Cd）和砷（As）等污染物的含量高于《食品安全国家标准　食品中污染物限量》（GB 2762—2017）中规定的限值时，立即向当地生态环境部门等相关部门反馈该情况和递交测试报告，尽快对该区域采取其他相关安全利用或修复措施，最大限度地保障农产品安全和人体健康。

　　农用地日常监测工程与其他修复工程不同，除了对土壤、农产品和农业投入品等进行调查以外，并没有其他的实际工程，因此工程效果评估流程也与其他常见的工程不同。在开展工程效果评估工作前，需收集与农用地土壤污染、安全利用和修复治理方面相关的资料，包括但不限于以下内容：区域自然环境特征、农业生产土地利用状况、土壤环境污染状况、农作物污染监测资料、农业投入品使用和检测记录、企业调查表、新建企业记录表、样品记录表、农用地土壤安全利用和修复治理资料、国家相关标准规范和监理报告等。在安全利用工程和修复治理工程完成后，进行项目验收。验收标准为：提供土壤样品、农产品样品和农业投入品的检测记录和分析报告等资料。如该区域有土壤样品或农产品样品超标的情况，需及时上报当地生态环境部门等单位，确定下一步的措施；如在该区域发现有农业投入品超标的情况，需及时停止该种投入品的使用，并纳入监控体系。

4. 工程目标

通过对项目区农用地土壤、农产品、灌溉水、化肥、有机肥和农药等进行定期监测，确保农业投入品中重金属等污染物的含量低于相关标准限值，从而降低长期施用农业投入品导致农产品中重金属等污染物的超标风险，保障人体健康。定期监测土壤和农产品中重金属等污染物的超标情况，如果某区域土壤或农产品中污染物含量高于标准限值，立即将其纳入监控体系，并向当地生态环境部门汇报。另外，在安全利用I类区域开展日常监测工程，可实时监测项目区土壤和农产品质量，以及各种农业投入品中重金属的含量，为农用地土壤项目管理提供依据。

5. 工程总结

农用地日常监测工程虽然不能够产生直接的经济效益和环境效益。但是，通过开展日常监测工程，可全面了解该区域农用地土壤、农作物和农业投入品中重金属的污染物的含量和来源，以便采取有针对性的控制措施，防患于未然，确保区域内种植的农作物的安全，为当地农用地污染预防、安全利用和修复治理提供基础资料和指导。

二、替代种植工程

1. 项目区域简介

项目区域位于湖北省大冶市金湖街道，地处北纬 29°57′00″~30°4′20″，东经 114°51′30″~114°59′00″，东邻大箕铺镇，南接殷祖镇，西与西北连陈贵镇、金山店镇，北接罗桥街道，以地傍金湖得名。据《大冶统计年鉴（2016年）》数据，金湖街道农用地面积为 69 111 亩，其中耕地面积为 47 956 亩，主要农作物为水稻、玉米、红薯、油菜籽和大豆等。金湖街道整个地势南北高、东西低，大部分为丘陵地区，东、南、西三面群山环绕，呈马鞍型；地貌为低山、丘陵、沉积盆地。

金湖街道调查的农田土壤区域目前基本上仍用作耕种，水田中主要的农作物为水稻，旱地分布较为分散，作物类型较多，主要有玉米、红薯、蔬菜、棉花、蓖麻等。部分区域农用地调整为水产养殖。本项目位于大冶市金湖街道平原大畈周边连片农田区域，根据项目区域空间分布位置，连片农田区域主要分为 6 个小片区（图7-3）。

现场踏勘时发现，目前各个区域内农田土壤利用现状各不相同。区域1调查面积约2400亩，位于蕲嘉高速和大广高速交会点的东南角区域，主要为水稻和旱地，水稻主要为一季稻种植。由于品种间的差异，部分处于灌浆期，部分为成熟期。旱地种植农作物有棉花、蔬菜、红薯等，局部区域为葡萄园种植和撂荒地，分布有小面积的积水塘和鱼塘等，地势较为平坦。栖儒大港在区域范围内，是周边农田区域的主要灌溉水系。区域内分布有宽为2m左右的乡村水泥道路，交通便利。

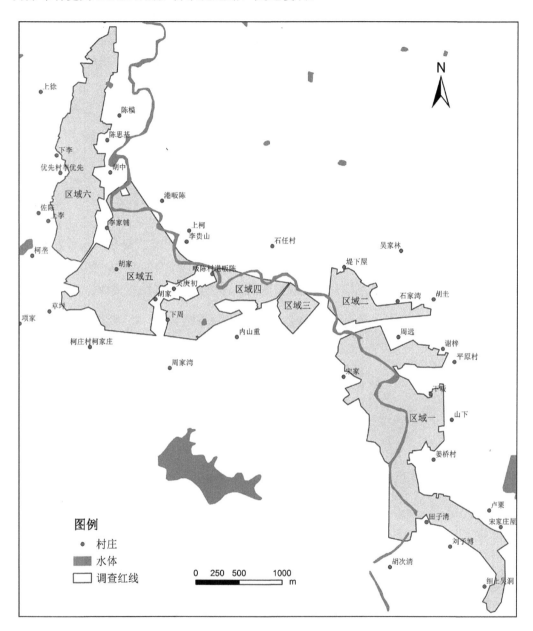

图 7-3 项目区调查区域分区图

区域 2 调查面积约 450 亩，位于蕲嘉高速和大广高速交会点的东北角区域，区域内大部分农田种植有水稻，其中小块区域夹杂种植玉米，靠近村庄部分为旱地种植，作物有蔬菜、树苗和大豆等，紧邻蕲嘉高速、大广高速。

区域 3 调查面积约 200 亩，位于蕲嘉高速和大广高速交会点的西北角区域，紧邻乡村道路，地势较低，距乡村道路地面 5~8m 落差。靠近道路侧有私人养猪场，规模较小。

区域内种植的农作物为水稻，正处于成熟期。近一半面积为荒地和人工鱼塘。

区域 4 调查面积约 700 亩，位于蕲嘉高速附近，地势较为平坦。区域内种植的农作物为水稻和旱地作物（如花生、红薯、蔬菜），其中水稻正处于灌浆期或成熟期，长势不均匀，稗草较多。区域内村庄交通便利，紧邻栖儒大港，灌溉水渠分布较多，水利设施较为完善。

区域 5 调查面积约 1700 亩，地势平坦，临近蕲嘉高速和栖儒大港。区域内种植的农作物多为水稻。局部小区域为旱地和林地。

区域 6 调查面积约 1400 亩。区域内种植的农作物均为水稻，由不同种植大户集中种植，水稻品种具有明显差异性，包括有一季稻和晚稻，部分区域长势较差。小块区域为水塘养殖。区域内村庄水泥道路纵横，交通便利。农用地灌溉比较方便。

为准确掌握拟修复治理区域农用地土壤的污染状况，笔者对项目区域进行了详细的现场踏勘和采样调查分析，通过现场调研、向当地有关部门和居民开展咨询等方式，在了解项目区域不同污染特征的基础上明确了调查范围，并按地理位置划分的 6 个小片区，对农田土壤、地表水、农产品等分别采取不同的采样方法，现场样品采集如图 7-4 所示。

（a）采集水稻田土壤样品

（b）采集旱地土壤样品

（c）采集水稻籽粒样品

（d）采集灌溉水样品

图 7-4　现场样品采集

1）土壤样品。区域内土壤主要用于水稻种植和旱地种植，土壤分布较为均质，采用网格布点法划分网格单元，采样密度约为 150m×150m，按照国家有关技术规范采集表层（0～20cm）土壤样品。区域 1 采集表层土壤样品 40 个，区域 2 采集表层土壤样品 11 个，区域 3 采集表层土壤样品 8 个，区域 4 采集表层土壤样品 19 个，区域 5 采集表层土壤样品 33 个，区域 6 采集表层土壤样品 32 个。

2）地表水样品。调查区域内采集地表水体主要包括流经区域周边的栖儒大港、沟渠和水塘等。区域 1 采集地表水样品 7 个，区域 2 采集地表水样品 1 个，区域 3 采集地表水样品 4 个，区域 4 采集地表水样品 2 个，区域 5 采集地表水样品 2 个，区域 6 采集地表水样品 6 个。

3）农产品样品。为了解区域内农作物的重金属超标情况，根据现场常见农作物的分布和生长情况，在部分区域采集土壤样品的同时协同采集农产品，农产品种类包括水稻籽粒、玉米、红薯、叶菜等多种类型。区域 1 采集农产品样品 7 个，区域 2 采集农产品样品 3 个，区域 3 采集农产品样品 2 个，区域 4 采集农产品样品 3 个，区域 5 采集农产品样品 3 个，区域 6 采集农产品样品 3 个。

根据前期调查结果、收集的资料和现场调研结果，确定土壤样品分析检测指标包括 pH 值、含水率、有机质、阳离子交换量、常见 8 种重金属元素全量[镉（Cd）、砷（As）、铅（Pb）、锌（Zn）、铜（Cu）、铬（Cr）、镍（Ni）、汞（Hg）]、六六六（六氯环己烷）和滴滴涕（DDT），水体样品分析检测指标包括 pH 值和常见 8 种重金属元素全量[镉（Cd）、砷（As）、铅（Pb）、锌（Zn）、铜（Cu）、铬（Cr）、镍（Ni）、汞（Hg）]，农产品分析检测指标包括镉（Cd）、砷（As）、铅（Pb）、铬（Cr）和汞（Hg）的含量。

根据前期对金湖街道农用地土壤的调查结果，可知该区域内土壤中的主要污染物为镉（Cd）、铅（Pb）和铜（Cu）。本次调查中采集的农产品样品数量远低于土壤样品的数量，而且区域内种植的农作物种类和品种较多，很难非常准确地评价区域内农产品中污染物的含量水平和超标情况。因此，在后续的土壤安全利用和综合治理过程中，主要考虑土壤中镉（Cd）、铅（Pb）和铜（Cu）的含量，对土壤进行分级，适当考虑所分区域农产品的超标情况，从而采取有针对性的措施。调查结果显示，本次调查的项目区范围内，西部区域土壤污染相对较轻，同时结合农产品和当地实际情况，本项目计划首先对金湖街道东部区域的农用地土壤开展替代种植工程。

2. 安全利用技术

计划开展替代种植工程的农用地总面积约为 950 亩。前期调查结果显示，该区域的主要污染物为镉（Cd）、铅（Pb）和铜（Cu）。在该区域，替代种植工程的工艺流程如图 7-5 所示。在耕种过程中，使用的肥料和农药需由项目施工方统一采购和供应，不得使用不符合国家相关标准的肥料和农药等。该区域按照原模式耕种土地，作物种类保持一致，不得改变土地耕种类型（如水田改旱地或旱地改水田），但作物品种需调整。根据该区域之前种植的可食用农作物种类（如水稻、玉米、蔬菜、花生等），施工方提前采购多种水稻、玉米、花生等农作物种子，进行小试研究，进一步筛选出低累积的适合本地生长的品种，用来开展后续替代种植实际工程。

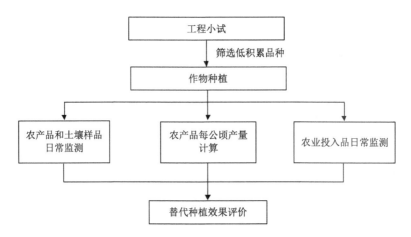

图 7-5　替代种植工程的工艺流程

在工程实施过程中，需对农产品、土壤、灌溉水、肥料、农药和产量进行日常监测和统计，具体见表 7-2。每季农作物收获前，采集农产品和土壤样品；在灌溉、施肥、喷药前，必须对灌溉水、肥料和农药进行采样，测定其中重金属等污染物含量，确保满足国家相关标准要求；农作物收获后，统计各个农田区域内农作物的产量。在项目实施过程中，连续采集项目区大气沉降物，测定其中重金属含量，评估大气沉降对该区域农产品中重金属累积的贡献，便于后续采取相应措施。上述样品采集后，低温保存，并尽快送至第三方检测机构，测定其中重金属等污染物含量，并出具检测报告。

表 7-2　替代种植工程日常监测表

序号	监测对象	监测时间	样品数量	测试的重金属
1	土壤	每年 7 月和 10 月	15 个/年	镉（Cd）、铅（Pb）、铜（Cu）
2	农产品*	每年 7 月和 10 月	15 个/年	镉（Cd）、铅（Pb）
3	化肥	施肥前	5 个/年	镉（Cd）、汞（Hg）、铅（Pb）、铬（Cr）、锌（Zn）、镍（Ni）、铜（Cu）和砷（As）
4	有机肥	施肥前	5 个/年	镉（Cd）、汞（Hg）、铅（Pb）、铬（Cr）、锌（Zn）、镍（Ni）、铜（Cu）和砷（As）
5	农药	喷药前	5 个/年	镉（Cd）、汞（Hg）、铅（Pb）、铬（Cr）、锌（Zn）、镍（Ni）、铜（Cu）和砷（As）
6	灌溉水	灌溉前	7 个/年	镉（Cd）、汞（Hg）、铅（Pb）、铬（Cr）、锌（Zn）、铜（Cu）和砷（As）

　*在收获农产品后，需要分别计算每块地的农产品产量，并与替代种植前同等条件下的农产品产量进行对比，估算对产量的影响。

1）替代种植品种的选择。研究表明，不同重金属离子在水稻植株中的迁移能力不同，从强到弱的次序依次为镉（Cd）或铬（Cr）＞锌（Zn）或铜（Cu）＞铅（Pb）；产量较高的杂交稻，其糙米中重金属含量也较高，产量较低的优质水稻，其糙米中的重金属浓度也较低；粳型水稻对重金属的吸收和运输能力较弱；通过筛选重金属低累积的基因型，筛选和培育籽粒重金属低累积的环保型品种，可为在重金属污染土壤上持续生产安全稻米提供一条经济有效的途径。

一般来说，谷物类作物籽粒中重金属富集能力顺序为麦类（大麦和小麦）＞水稻＞玉米，杂交稻＞常规稻，糯稻＞粳稻或籼稻，晚稻＞早稻。对镉低吸收积累水稻品种有：汕优 63、两优 527、湘晚籼 13 号、丰优 9 号、湘早籼 42 和 T 优 705，金优杂交组合系列等。建议选择镉污染较重的农用地土壤约 2 亩，分别种植不同的低累积早稻水稻品种，成熟后测试水稻籽中重金属含量，根据《食品安全国家标准 食品中污染物限量》（GB 2762—2017）中规定的限值进行评价，确定最终在项目区污染农田种植的低累积水稻品种。

经过前期的室内实验、野外大田实验研究和调查研究，笔者发现金优 402、汕优 63 和两优 527 这 3 种水稻品种对重金属的积累都相对较低，选择这 3 个品种进行小试研究，同时参考产量，选出更符合大冶市当地环境的水稻品种。在玉米种植过程中，建议选择川单 428、东单 60 和雅玉 10 等品种，进行下一步的中试实验；花生种植过程中，建议选择鲁花 8 号、鲁花 9 号和奇山 208 等品种，进行下一步的中试实验。上述各品种在示范基地种植后，筛选出低积累的农作物品种，用于替代种植工程中。

2）作物种植。土地经粗耕、细耕和盖平后，使其松软平整，施加一定量的肥料，根据之前各块土地的实际种植情况进行水稻、玉米和花生等作物的种植。选取中试阶段筛选的低累积品种进行种植。

选取未污染的同一土壤类型的肥沃疏松土，用作育苗床。育苗床先整好压平，喷浇清水，使 0～5cm 土层处于水分饱和状态。早稻为 3 月下旬播种，晚稻为 7 月上旬播种，采用薄膜育秧。种子播种前应做消毒处理。杂交稻播种量约 15kg/亩、常规稻 25kg/亩，按发芽率折算播种面积，做到均匀播种。秧田肥水管理按当地先进管理技术进行，培育带蘖壮秧。平时注意苗床的保湿，防止鼠、雀危害。待水稻幼苗长至 2～3 叶时进行移栽，每株移苗 3 根。可采用播种移栽方式，常规稻每穴插 5～7 粒谷苗，杂交稻每穴插 2 粒谷苗。早稻为 4 月下旬移栽，秧龄 30 天左右，最长不得超过 35 天；晚稻为 7 月下旬移栽，秧龄 30 天左右。施足底肥，栽秧后，5 天内进行第一次追肥，试验施肥量按当地中上等肥力水平施用。肥料与农药施用依当地生产习惯与农户生产管理措施一致。

种植玉米时，选择低累积的玉米种子，建议采用行距 50cm、穴距约 30cm 的种植方法进行穴播，每穴播种 2～3 粒。之后覆土 1～2cm 厚，播种后要注意保墒、保温，同时要注意加强水肥管理和虫害防治。

种植花生时，由于花生前期无根瘤菌，没有固氮能力，因此在播种前一次性施足基肥，满足全生育期的营养需求。选择低累积的花生种子，建议采用行距 25~35cm、穴距 15~30cm 的种植方法进行穴播，每穴播种 2 粒。之后覆土 1~2cm 厚，播种后要注意保墒、保温，同时也要注意加强灌溉管理和虫害防治。

在替代种植工程完成后，进行工程效果评估。而对于同时需要对农产品进行验收的工程，在治理工程完成后、当季农作物收获时，开展农用地土壤安全利用和修复治理项目的工程效果评估工作。其中具体验收时间、采样方法和点位分布原则等参考下述验收中的规定，其中具体采样要求如下：

1）农产品样品的采集：以实施替代种植工程的农用地为监测单元，按照《农、畜、水产品污染监测技术规范》（NY/T 398—2000）在区域内或附近布设采样点位和对照点位，每个采样点为 5 点以上等量的混合样，采样点数量见表 7-3。

表 7-3 农用地验收时土壤采样布点数量

序号	区域面积	点位数量
1	小于或等于 1hm^2（15 亩）	5 个
2	大于 1hm^2 且小于 10hm^2（15~150 亩）	10 个
3	大于 10hm^2（150 亩）	1hm^2（15 亩）1 个

2）土壤样品的采集：与上述农产品样品的采样点数量一致，同时采集位置相对应。

3）农业投入品的采集：依据随机抽样原则采集有机肥、化肥、土壤调理剂等农业投入品样品，其中，每种农业投入品的采样数量不少于 5 个。

本项目的检测与验收及其对应的测试方法包括：根据《食品安全国家标准 食品中镉的测定》（GB 5009.15—2014）测定水稻等农产品样品中镉的含量；根据《食品安全国家标准 食品中铅的测定》（GB 5009.12—2017）测定水稻等农产品样品中铅的含量；根据《土壤质量 铅、镉的测定 石墨炉原子吸收分光光度法》（GB/T 17141—1997）和《土壤质量 铜、锌的测定 火焰原子吸收分光光度法》（GB/T 17138—1997）测定土壤样品中镉、铅、铜和锌的总量；根据《土壤检测 第 2 部分 土壤 pH 的测定》（NY/T 1121.2—2006）测定土壤 pH 值。

验收标准综合考虑国内和国外相应的农产品标准和土壤标准。因目前我国暂时没有关于农药中重金属含量限值方面的标准，本项目对农药中重金属含量进行监测，但暂时不作为考核目标。目前我国现行标准中没有规定农产品中铜的限值，因此本区域验收过程中暂不考虑农产品中铜的指标。

根据检测的农产品可食部位中目标污染物的浓度算术平均值、农产品样本超标率和农产品产量情况，综合判断项目是否通过验收。①农产品可食部位中镉和铅的含量算术平均值显著小于或等于对应的标准限值（t 检验，显著性水平一般小于或等于 0.05），而且农产品样本超标率小于或等于 5%；②治理区域农产品每公顷产量（折算后）与同等条件下（以项目完成前一年当地农业部门公布的平均产量为准）相比减产幅度小于或等于 10%。

工程效果评估工作程序包括制定评价验收方案、采样与实验室检测分析和治理效果评估 3 个阶段。在工程效果评估过程中，首先进行相关资料收集、现场踏勘、采样布点方案和工程效果评估方案的确定，其次进行现场采样和实验室检测，根据检测结果来评价安全利用和治理效果：如果达到治理效果，认为达标，则编制工程效果评估报告（含检测报告）；如果不达标，则分析原因并提出下一步修复建议。

3. 工程目标

在不改变项目区种植结构和农作物的前提下，通过筛选和种植同一种农作物的低累积品种，确保种植该种农作物时农产品可食部位中重金属污染物含量不超标，从而保障农产品安全和周边人群健康，替代种植工程的目标如下：

1）农产品可食部分中镉（Cd）和铅（Pb）的含量小于（含等于）《食品安全国家标准 食品中污染物限量》（GB 2762—2017）中规定的含量限值。

2）农产品每公顷产量（折算后）与同等条件（以项目完成前一年当地农业部门公布的平均产量为准）相比减产幅度应小于或等于 10%。

3）提供农作物品种正负面清单，即根据实际工程种植情况和监测数据，确定出农产品超标的作物品种（负面清单）和低累积品种（正面清单）。该区域农产品存在一定的超标风险。

工程顺利实施后，可根据通过该工程提供的低累积品种正面清单，在当地周边区域内进行推广，降低整个区域内农作物的超标风险，具有较大的环境效益和社会效益。

4. 工程总结

该工程针对存在一定污染风险的区域，采用替代种植工程，与传统的土壤修复技术相比，费用较低，而且能够显著降低种植的农产品的超标风险，具有较好的推广前景。但是，该技术也有其局限性，一方面在低累积品种的筛选方面需要一定的时间、财力和人力，另一方面筛选出来的低积累品种可能只适合在项目区和周边区域土壤中生长，在应用于其他区域的土壤修复中时也需要进行小试，确定其是否能够正常生长和质量是否满足国家相关标准。

三、植物修复工程

1. 项目区域简介

项目区位于金湖街道栖儒村和柯湾村附近，面积约 280 亩。示范地距离大冶市区 10～12km，距离 315 省道 0.5km，交通运输比较便利。紧邻栖儒村、柯湾村等村庄，可为调查人员和施工人员提供基本保障与日常生活方面的支持。根据本项目示范区农用地土壤中重金属污染状况及农田利用现状,以恢复受污染农用地土壤功能为修复目的,在充分比较和分析国内外相关农田土壤修复技术可行性的基础上,结合当地经济和技术条件,初步筛选出了适合当地重金属污染农用地土壤的修复技术。在此基础上,采用植物修复技术对受污染农用地土壤进行修复,去除土壤中的目标重金属,使土壤中的重金属含量达到修复目标值,最终恢复农用地土壤的正常使用功能。

笔者通过调查发现,项目区土壤中铜(Cu)、镉(Cd)和砷(As)的平均含量分别为 90.0mg/kg、1.27mg/kg 和 19.3mg/kg。根据现场踏勘资料,金湖示范用地属于正在耕种中的农田,具有可耕性和一定的农田水利排灌条件,但是还需要进行一些农田基本建设和排灌设施改造。修复前示范区农田土壤状况如图 7-6 所示。

图 7-6　修复前示范区农田土壤状况

为深入了解项目示范地区的土壤重金属污染状况,按照《土壤环境监测技术规范》(HJ/T 166—2004)采用网格布点法划分采样单元,对修复区域农田耕作层土壤进行高密度的加密调查,送至具有国家计量认证和实验室认证资质的第三方机构进行土壤样品的检测分析。

土壤样品检测结果表明,示范区农田土壤为多种重金属复合污染,修复区域内农田表层土壤中镉的含量为 0.15~5.46mg/kg,按照每个采样点代表的区域面积计算得出加权平均含量为 1.16mg/kg。土壤中砷(As)的含量为 27.83~38.04mg/kg,按照每个采样点代表的区域面积计算得出加权平均含量为 34.17mg/kg。

在总结前期研究成果和资料的基础上,对示范区进行了系统的土壤现状质量监测,依据绿色可持续修复的总原则,对大冶农田重金属污染修复提出了以植物修复为核心的可行的技术方案,即采用污染源隔离、农田降渍改良、多种重金属超富集植物提取和农艺修复措施相结合的技术方案进行污染农田土壤的修复治理。在此基础上,项目实施单位在深入调研的基础上进行技术验证与实践工作,总结集成,因地制宜,优化调整,最终确定了改善农业生态条件的方式,筛选出了适合大冶市本地自然条件的超富集植物和修复药剂，制定了种植与收获计划、监测计划以及收获作物后处理计划。示范项目技术路线图如图 7-7 所示。

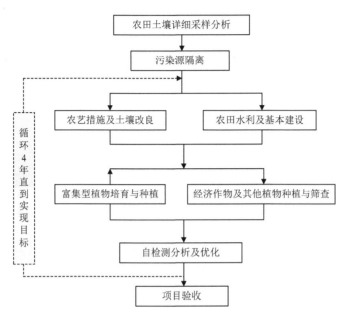

图 7-7　示范项目技术路线图

1）农用地土壤详细采样分析：对农田土壤耕作层及深层开展详细的采样调查和分析，全面了解农用地土壤中重金属污染状况。

2）污染源隔离：开展农用地土壤污染源的调查与鉴别，根据调查结果设计与修建污染源隔离坝、截留渠及污染源排洪渠等，初步截断重金属污染源进入拟修复农田的通道。

3）农田整治降渍及土壤改良：开展农田整治工程，包括降渍、翻耕、添加改良剂、旋耕等，配合农田基本建设、农田水利工程，实施合理灌溉和施肥，调整土壤结构和理化性质，提升土壤对重金属的缓冲性能。

4）农田水利及基本建设：建设合理的排灌系统和泵站，满足植物修复及农作物安全种植要求。

5）超富集植物培育与种植：通过种植蜈蚣草、圆叶遏蓝菜等各种超富集植物对重金属进行提取，降低修复区耕作层土壤中重金属污染物的含量。

6）其他植物种植与筛查：通过搭配种植各种农作物，在重金属植物提取的同时检测和分析其富集量，开展相关农作物的富集筛查，开展农作物安全种植分析。

7）优化调整：每年对农田土壤进行检测分析，评估修复效果，分析修复措施的有效性，提出优化改进措施，确保农用地土壤修复效果。

2. 修复技术

根据种植经济作物和重金属超富集植物种类的不同，以及是否使用土壤改良剂及其不同种类，把示范地块平均分成 3 个种植修复分区。种植分区内设置主干路、主林带及主干渠，示范地东面依托当地的河渠进行灌溉，可最大限度减少抽水灌溉的电力成本。

示范区的主要目的是在超标农用地土壤中治理重金属污染物的同时，在一定程度上兼顾农业生产，在修复治理的同时还能够产生一定的经济效益，并且在修复治理的末期有效地向正常生产过渡。在该地块上通过套种经济作物和重金属超富集植物，为其他地区开展重金属污染农用地的修复工作提供示范。通过平衡和优化经济作物、重金属超富集植物的套种间种，在修复重金属污染的同时生产经济作物，在相对较长的时间内达到修复目标，并且尽可能地维持或改良土壤结构和肥力。

该区域设计了以下五种主要修复措施：

1）选择和种植适合当地生长的、生物量比较大、对重金属具有一定富集作用、可食部位积累能力较低的经济作物，例如甘薯、玉米、籽粒苋和向日葵。通过植物的收割，将一小部分重金属从土壤中去除。根据其中重金属的含量高低，对收割的生物质进行妥善处理。

2）同时套种一些重金属超富集植物，包括草本和速生木本植物，同时施加活化剂。通过对超富集植物的收割，将重金属从土壤中去除。收割的超富集植物生物质进入后续处理处置过程。

3）改良土壤结构和养分，增加超富集植物的生物量，提高其对重金属的富集效率。

4）采用生物避让技术，根据重金属污染类型，选择和套种对相应重金属吸收少的植物。收割的植物在满足国家食品卫生标准的前提下可进入食品流通市场，否则必须进行妥善处置，防止进入食品流通市场，进而对人体健康造成危害。

5）通过在土壤中添加重金属稳定剂，降低土壤中重金属向植物的迁移能力，同时种植正常的农作物（如水稻和油菜）。

该地块产出植物的后续处理方式主要有：从田地收获的生物质分为两个部分，即果实类、秸秆类，处理措施均为生物质焚烧；对于采用生物避让技术和重金属稳定化技术生产出来达到国家粮食卫生标准的果实或粮食，可以进入正常食品流通领域，否则处理措施为生物质焚烧，并对产生的灰烬进行妥善处置。

具体而言，将面积约为 280 亩的农耕地分为三个种植区域（Ⅰ区、Ⅱ区、Ⅲ区），面积分别为 100 亩、100 亩和 80 亩。

Ⅰ区和Ⅱ区均设计间种套种低累积的经济作物和超富集植物，并隔年对土壤进行改良，目的是减少经济作物对重金属的吸收，同时利用套种模式促进超富集植物对目标重金属的提取，达到"边生产边修复"的示范目的。这两个区域套种的作物组合主要有：向日葵和天蓝遏蓝菜、蓖麻和高山番薯、甘蓝型油菜和蜈蚣草。

Ⅲ区主要是按照生物避让和重金属稳定化的原则进行种植设计的，套种低累积的经济型作物，主要目的是为了保证当地农户有一定的收入来源。Ⅲ区种植的作物种类主要为苎麻、低累积玉米和籽粒苋等。这些经济作物虽然是重金属低累积植物，但由于其生物量较大，也能从污染地块上带走相当一部分的重金属。

植物种植工程现场和种植的超富集植物品种分别如图 7-8 和图 7-9 所示，种植的植物主要包括玉米、油菜、遏蓝菜、蓖麻、蜈蚣草和商陆等。

图 7-8 植物种植工程现场

（a）遏蓝菜 （b）蜈蚣草

（c）商陆 （d）蓖麻

图 7-9 超富集植物品种

本植物修复工程项目将收获后的生物质晾干、切碎、打包赠送给已经投入运行的生物质发电厂。由于生物质发电厂单位时间内消耗的生物质量巨大，使用重金属富集生物质产生的灰烬中的重金属含量略有增加，据估算，其重金属浓度小于《危险废物鉴别标准 浸出毒性鉴别》（GB 5085.3—2007）中规定的浸出浓度[①]。

本修复工程的配套工程主要包括土地平整、水土保持、排灌系统建设、道路建设、建筑和附属设施、工艺设备和供电系统等，具体如下所示。

1）土地平整。对不同污染特征的区域土壤进行划分，有针对性地采取修复治理措施。将修复区域的土地进行平整，采用拖拉机配套横轴式旋耕机等设备对大块土粒进行细碎化处理（图 7-10），利用水准仪对平整高程进行检查，保证偏差范围在 20cm 以内。为确保修复区土地的平整度及大块土粒的细碎化程度，旋耕机田间耕作的行走方法采用梭形耕地法，机组由田间地块一侧进入，一个行程接着一个行程往返耕作，最后耕地头。在作业中，应尽量低速慢行，这样既可保证作业质量，使土块细碎，又可减轻机件的磨损。土地平整具体流程为：粗平，对于整块田地中高差较大的区域进行挖高填低，在进行田地整理时要考虑旱季及雨季，使田地有一定坡度，确保旱季灌溉时水流走向及雨季排水方向；精平，在田地粗平完成后，利用旋耕机采用梭形耕地法进行平整作业，人工修整田地边角；修整，对于局部旋耕机无法平整的田块边角和田坎，人工进行修整；测量控制，施工过程中由测量人员利用测量设备监测平整高程，防止超平和欠平。平整后的质量要求：田地平整后应做到分块合理、方便耕作、表面平整无起伏。

图 7-10 土地平整

[①] 铜（Cu）的含量限值为 100mg/L，镉（Cd）的含量限值为 1mg/L，砷（As）的含量限值为 5mg/L。

2）水土保持。修复区应覆盖植被，以便水土保持；对于不能覆盖植被的田埂路，需要人工进行压实，以防降雨冲刷；对于不同种植分区之间的主干路和支干路等不能覆盖植被的，则应考虑使用压实机对其进行压实硬化。在修复区域外的基础设施空地，如主干路和支干路边，应采取乔木和灌木优化搭配的种植方式，在一定程度上防风固土，涵养水源，保持水土。

3）排灌系统。排灌系统的主要功能是正常的灌溉和排水、旱灾期间的应急灌溉和洪涝期间的及时排涝。灌溉系统可结合修复工程统一设计和建设，同时需要建设小型河渠作为田地排涝的主要通道。排水系统需要因地制宜，在修复区域内田间修建排水沟排除农田中多余的地表水。田间畦面四周开挖深排水沟，沟深约30cm，宽约30cm，以确保排水沟灌溉面积覆盖整个区域。深排水沟示意图如图7-11所示。农田畦间开浅沟，与深排水沟连接，深15～20cm，宽约20cm，做到田间无积水，土壤保持湿润，又不淹苗。I 区所修复农田西部的河渠较宽，且常年水资源比较丰富，可以作为主要的灌溉水源，同时农田南部的河渠也是田地排涝的主要通道。此外，修建相应的管道、水闸等配套构筑物。在工程实施过程中，对项目区排灌系统进行建造和修缮，主要包括对原有的混凝土水渠中有裂隙或缺口的地方进行修缮，更换损坏的阀门等，同时对各地块间的无防渗水渠铺设混凝土，减少灌溉水的损失。

图 7-11 深排水沟示意图

4）修复区域的道路建设。修复区道路建设的目的是为了更加通畅地运送用于修复的基本生产物资，例如活化剂、钝化剂和有机肥，同时便于农业机械进出，以及人员在田间的出入。修复区内道路设计标准是：主干道路面宽 6m（不含路肩），两边路肩各宽30cm，可以允许载重 10t 机动车双向通过，设计行车速度 20km/h；次干道路面宽 2m，可以允许轻型载重动车单向通过；田间道路路面宽 2m，供田间作业机械使用。工程实施过程中，根据区域内现有路面的实际情况，对道路进行修缮和升级改造，即对原有的水泥路或柏油路中损坏的区域进行修缮，同时将一些土路升级改造成水泥路，有利于工程实施过程中运输车辆和施工车辆通行，提高施工效率。修复区内道路的布局需要在施工图阶段进一步调整和细化。

穿过田地的道路下面均要设过水孔。过水孔的位置根据灌溉渠、排水渠的位置确定，过水孔厚度需要满足机动车辆通行。道路要根据水利灌溉和排涝要求配套排水工程，考虑修复区内雨水较多，集水面积较大，主干路边沟采用底宽 30cm、高 30cm 的梯形断面，边坡比为 1∶1；次干路边沟采用底宽 20cm、高 20cm 的梯形断面，边坡比为 1∶1。

5）修复工程区的临时建筑和附属设施。与修复工程配套的主要临时建筑包括管理人员办公用房、样品储存室、修复用具用房、修复物资用房、职工休息室和宿舍。原则上考虑修复区的办公类、居住类建筑和附属设施尽量租用村庄的空闲房屋，但必需的修复物资用房考虑建在修复区内，以便于作业。拟采用向当地农民租用的方式租赁办公、居住类房屋，配套的附属机械设备和设施以租用为主，专型农用机械如旋耕机和土壤改良剂施加机械以购置为主。

6）主要设备。在农田安全利用工程和修复治理工程实施过程中，需要用旋耕机、播种机和喷药设备等，用于土地平整、作物种植和管理等过程。

7）供电系统。项目临时用电主要是施工区域照明以及处理设备的用电需求。根据《施工现场临时用电安全技术规范》（JGJ 46—2005）规定，由附近低压线路引至施工现场的配电箱，进行低压配电，用电负荷根据现场具体情况进行估算。供电电源用附近村庄的变电站或工厂引线接电，电缆长度、位置及配电设备需要根据实际情况确定，由当地供电部门实施接入。示范区主要用电单元是水泵和办公设施。初步估算电机安装功率为 20～50kW，最大同时运行功率为 100～120kW，用电电压要求为交流 220V/380V，三相五线制。

3. 工程目标

本项目土壤重金属污染修复目标为镉（Cd）含量 1.0mg/kg、砷（As）含量 30mg/kg。将被尾砂覆盖占用的区域恢复至正常的农田功能，利用植物修复技术，将土壤中重金属的含量降低至修复目标，保证农产品安全。通过修复示范工程，探索得到一种适合当地社会经济水平和实际状况的、可用于大面积重金属污染农用地的土壤修复技术。

4. 工程总结

本工程采用植物修复技术，将土壤中镉（Cd）和砷（As）的含量分别降低至 1.0mg/kg和 30mg/kg。在工程实施过程中，也遇到一些困难。例如，由于时节等原因，蜈蚣草和商陆等超富集植物在当地气候条件下很难进行育苗和正常生长，采用温室育苗的技术解决了该问题,但极大地增加了修复成本和该项目后期推广成本。超富集植物的后续处理,也是在修复工程中需要重点考虑的一个问题。在农用地调查过程中,由于时节和示范区的种植情况,没有采集到农产品样品,很难对示范区农产品的污染情况进行准确评价,建议在开展其他植物修复工程前,进行土壤和农产品的协同采集和评价。

四、钝化修复工程

1. 项目区域简介

本修复项目位于湖北省大冶市大箕铺镇内。大箕铺镇是黄石市新农村建设的试点镇、大冶市城乡一体化建设的重点镇,位于大冶市东南部,傍依大冶湖畔,与阳新县接壤,是大冶市的"南大门""口子镇",耕地 31 007 亩。项目区遗留尾矿库地理位置示意图如图 7-12 所示。项目区域内土地基本用于农业生产,主要农作物有水稻、油菜、小麦、玉米、红薯和蔬菜等。

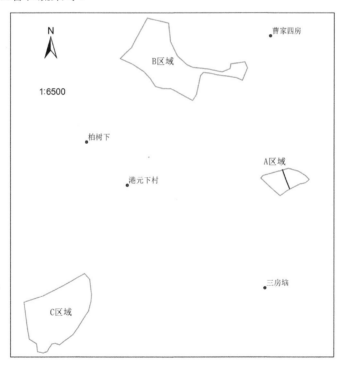

图 7-12　项目区遗留尾矿库地理位置示意图

本项目位于大箕铺镇东角山村某生态园内,拟修复治理的 3 个遗留尾矿库现状各不相同(图 7-13)。现场踏勘调研发现,A 区域为尾矿砂堆存场,在村委会东侧 250m 处,毗邻某养鸡场。地势高出周边区域近 20m,占地面积约 15 亩,分为 3 个尾矿砂堆存平台,较平坦。各平台间高度落差 1.5~2m,高层平台面积为 5 亩左右,靠近山体;中层平台面积约 7 亩；低层平台面积约 3 亩，堆存尾矿砂表面有零星植被覆盖。B 区域在村委会西北方向约 350m 处，占地面积约 65 亩，为尾矿砂压占农田区域。由于当地已采取了开挖、转运措施，大部分区域为洼地，杂草丛生。地势较平坦，与周边区域高度差达 5～10m，东南方向有鱼塘，周边为旱地，毗邻村庄。田间有简单的农田排灌系统，主要灌溉水源是河渠来水和降雨。C 区域最初为尾矿渣堆存遗址及农田，在村委会西南方向距离约 1km 处，毗邻村庄和某养猪场，边界为 2m 多高的铁丝网，占地面积约 70 亩。区域内现已开展了一定的覆土和生态景观建设，栽种有观赏性苗木，修建有休息亭并铺设人行通道。路边种植有柳树作为行道树，且鱼塘、藕塘、沟渠错落分布。区域内有山有水有亭，休息亭所在处地势最高，与鱼塘落差近 10m，沟渠为东西走向。本项目 3 个区域之间周边交通便利，均有水泥路面的村庄道路。

图 7-13　项目区域现状

根据调查资料，项目区距离 106 国道 2km，距大冶市约 15km，距省城 100km，交通运输较便利、快捷。周围紧邻的村庄可以为施工人员提供基本人员保障和日常生活支持。

为准确掌握拟修复治理地块的污染状况，笔者对项目区进行了详细的现场踏勘和采样调查分析，通过现场调研、向当地有关部门和居民开展咨询等方式，在了解项目区不同地块特征的基础上明确了调查范围，并按地理位置划分的 A 区域、B 区域和 C 区域，分别采取不同的采样方法。

1）表层土壤采样（0～20cm）。A 区域现为尾矿砂堆存场所，成分较为均质，采用梅花布点方式，选取 5 点混合成 1 个样品；B 区域地势较为平坦，为尾矿渣清理后的撂荒农田，采用网格布点法，采集表层土壤样品 58 个；C 区域地形变化较大，按照网格划分，采集表层土壤样品 22 个。在表层土壤样品采集过程中，由于土层比较坚硬，无法使用木质工具直接开挖，因此采用铁铲开挖，再用木铲挖去与铁铲接触的区域，最后用木铲采集土壤样品（图 7-14）。

图 7-14　表层土壤采样图

2）深层土壤采样。为深入了解项目地区的土壤重金属污染状况和分布规律，对 A 区域周边耕地、B 区域和 C 区域进行深度采样，采集 A 区域周边耕地样品 2 个；B 区域采集土壤样品 30 个；C 区域采集土壤样品 11 个。

3）水体和底泥采样。C 区域范围内尾矿砂堆存处周边农田已改作水塘和藕田，按对角线共采集 12 个地表水样品和 13 个底泥样品。

4）剖面采样。为调查土壤中重金属的垂向迁移特征，在 B 区域和 C 区域主要代表片区分别选取 2 个典型剖面采样点和 1 个采样剖面采样点，即剖面 1、剖面 2 和剖面 3，其中剖面 1 采集 10 个样品，剖面 2 采集 5 个样品，剖面 3 采集 12 个样品。

5）检测指标。土壤和底泥样品测试指标主要包括 pH 值、含水率、粒径、有机质、常见重金属元素全量[镉（Cd）、砷（As）、铅（Pb）、锌（Zn）、铜（Cu）、铬（Cr）、镍（Ni）]和有机氯农药，水体样品测试指标主要包括 pH 值、常见重金属元素[镉（Cd）、砷（As）、铅（Pb）、锌（Zn）、铜（Cu）、铬 9Cr）、镍（Ni）]、化学需氧量（COD）、五日生化需氧量（BOD_5）、总氮（TN）和总磷（TP）。

土壤和底泥样品的检测结果按照土壤环境质量标准中的二级标准限值（调查时国

家法定标准）进行评价，水体样品检测结果按照地表水环境质量标准 V 类标准限值进行评价。

6）检测结果。A 区域由于存在铜矿生产后遗留的尾矿渣，铜（Cu）含量较高，最高含量为 5.99×10^3 mg/kg，超标倍数高达 119.8 倍。土壤 pH 值平均为 7.48。周边耕地表层样品中铜(Cu)的含量为 291mg/kg，超标 5.8 倍，深层样品铜（Cu）的含量为 74mg/kg，超标近 1.5 倍，说明 A 区裸露尾矿砂由于雨水冲刷等作用，已对周边农用地土壤造成一定污染。

B 区域 77 个表层土壤样品中镉（Cd）、砷（As）、铅（Pb）、锌（Zn）、铜（Cu）和镍（Ni）的超标率分别为 66.2%、7.8%、6.5%、6.5%、97.4% 和 7.8%。污染范围较大的为镉（Cd）和铜（Cu）两种元素，平均浓度分别为 1.2mg/kg 和 613.43mg/kg，平均超标分别为 4.0 倍和 12.3 倍。15 个深层土壤样品中，镉（Cd）、砷（As）、铅（Pb）、锌（Zn）、铜（Cu）和镍（Ni）的超标率分别为 33.3%、13.3%、13.3%、13.3%、100% 和 13.3%，主要污染元素仍为镉（Cd）和铜（Cu），平均超标分别为 15.4 倍和 28.4 倍，比表层土壤污染更严重。说明 B 区域内尾矿渣清挖不完全，在表层覆土下还可能存在一定量的尾矿渣。另外，检测数据表明，由于尾矿砂的影响，B 区域土壤普遍偏碱性，超过 66.3% 的土壤样品 pH 值超过 7.5。土壤有机质含量为 0.3~6.46mg/kg。

C 区域 28 个表层土壤样品中，除铬（Cr）和镍（Ni）外，镉（Cd）、砷（As）、铅（Pb）、锌（Zn）和铜（Cu）的超标率分别为 32.1%、14.3%、3.6%、14.3% 和 100%。6 个深层土壤样品中，镉（Cd）、砷（As）、锌（Zn）和铜（Cu）的超标率分别为 66.7%、33.3%、16.7% 和 66.7%，铅（Pb）、铬（Cr）和镍（Ni）含量不超标。说明该区域主要污染物为镉（Cd）、砷（As）和铜（Cu），污染范围广，且污染程度较重，砷（As）存在局部污染情况。其中表层土壤中镉（Cd）、砷（As）和铜（Cu）的平均浓度分别为 0.54mg/kg、48.3mg/kg、189.6mg/kg，而深层土壤中镉（Cd）、砷（As）、铜（Cu）的平均浓度分别 1.26mg/kg、41.0mg/kg 和 254.1mg/kg。土壤和底泥样品 pH 值为 3.71~6.45（其中 1 个样品 pH 值为 7.55，未统计在该范围内）。C 区域地表水主要是总氮超标，超标率为 41.7%，平均超标 1.7 倍，局部出现化学需氧量（COD）、总磷（TP）和镉（Cd）超标，超标率分别为 8.3%、16.7% 和 16.7%。

B 区域是被尾矿渣压占的农田，已经进行了大规模的清渣工作，但深度不均。土壤剖面调查数据表明，区域南侧存在镉（Cd）、砷（As）、铅（Pb）、锌（Zn）和铜（Cu）等多种重金属的带状复合污染。剖面 1 采集的农田土壤样品中，镉（Cd）、砷（As）、铅（Pb）、锌（Zn）、铜（Cu）、铬（Cr）和镍（Ni）的最高浓度分别约为 0.3mg/kg、18mg/kg、35mg/kg、135mg/kg、135mg/kg、40mg/kg 和 35mg/kg。部分区域清渣工作不充分，遗留有大量矿渣。C 区域为矿渣的堆存场所及周边影响区域，已经进行了一定程度的覆土和林木种植。现场踏勘和调查数据显示，覆土深度较浅，在 40~70cm 处存在尾矿渣，镉（Cd）和铜（Cu）的浓度分别高达 0.63mg/kg 和 1.62×10^3 mg/kg，70~100cm 处铜（Cu）

含量超标，为原始尾矿渣堆存处受影响区域，可能是在覆土前期由于人为扰动致使尾矿渣下滑造成的。

7）有效态分析。一般来说，土壤中重金属的生物有效性和毒性与其形态密切相关。常用的无机化学浸提剂包括盐酸（HCl）、氯化钙（$CaCl_2$）、乙酸铵（NH_4Ac）、乙酸（HOAc）、硝酸铵（NH_4NO_3）等，有机提取剂包括 DTPA、EDTA 等。为了解项目区污染土壤中重金属的生物有效性，在采集土壤样品后，选取了不同修复区域的部分土壤样品开展重金属有效态浸提实验分析，以此评价土壤中的重金属污染情况和潜在的生物毒性效应。

根据文献调研和相关资料分析结果，本项目中选取提取效果较为稳定、所提取有效态含量与作物中重金属含量相关性较高的 $CaCl_2$、EDTA 和 DTPA 溶液作为提取剂，分别进行土壤样品中重金属有效态含量的提取实验。结果表明，针对项目区的主要污染物，采用 $CaCl_2$ 溶液提取时，铜（Cu）的有效态含量为 0.1～72.6mg/kg，镉（Cd）的有效态含量为 0.001～0.74mg/kg；采用 EDTA 溶液提取时，提取铜（Cu）的有效态含量为 2.8～158.2mg/kg，镉（Cd）的有效态含量为 0.02～0.36mg/kg；采用 DTPA 溶液提取时，铜（Cu）的有效态含量为 2.9～97.4mg/kg，镉（Cd）的有效态含量为 0.04～0.45mg/kg。pH 值为 6.5～7.0 时，采用 $CaCl_2$ 溶液提取时，铜（Cu）、镉（Cd）的有效态含量分别为 0.08～0.16mg/kg 和 0～0.16mg/kg；EDTA 溶液提取时，铜（Cu）、镉（Cd）的有效态含量分别为 2.59～350.65mg/kg 和 0.01～0.1mg/kg，平均有效态含量分别为 100.6mg/kg 和 0.07mg/kg；采用 DTPA 溶液提取时，铜（Cu）和镉（Cd）的有效态含量分别为 1.1～213.6mg/kg 和 0.02～0.13mg/kg，平均有效态含量分别为 35.8mg/kg 和 0.14mg/kg。

根据前期相关研究，以能提取出最大量有效态的提取剂作为本研究中的标准提取剂，最终确定选用 EDTA 用于项目区修复工程中重金属有效态含量检测过程中的提取剂。结果显示，A 区域尾矿砂中镉（Cd）和铜（Cu）的有效态含量分别为 0.02mg/kg 和 350.6mg/kg；B 区域污染土壤中镉（Cd）和铜（Cu）的有效态含量范围分别为 0.02～0.39mg/kg 和 2.8～237.2mg/kg，平均有效态含量分别为 0.14mg/kg 和 26.1mg/kg；C 区域污染土壤中镉（Cd）和铜（Cu）的有效态含量范围分别为 0.06～0.36mg/kg 和 2.6～158.2mg/kg，平均有效态含量分别为 0.1mg/kg 和 15.7mg/kg。项目目标设计与验收时，也与土壤污染状况评价时采用的检测方法一致，采用 EDTA 为土壤中重金属有效态的提取剂，设计有效态含量评价指标和修复工程效果评估标准。

8）项目区重金属污染分布。A 区域的主要污染物是铜（Cu）。现场踏勘时发现，整个区域内尾矿砂分布较均匀。由于该区域尾矿砂中铜含量较高（Cu），对周边土壤环境有可能产生的危害主要来源于重金属铜（Cu），尤其对于土壤中所种植的农作物的危害以及对周边水体的污染。

B 区域由于尾矿砂的长期堆积，土壤的酸碱性已经发生显著变化，区域范围内大部分土壤偏碱性。土壤中镉（Cd）和铜（Cu）污染范围广、深度深，而砷（As）、铅（Pb）、锌（Zn）和镍（Ni）的污染范围相对较小，局部污染程度较高。整个区域污染特征是深层（30~60cm）污染，即表层污染程度相对较轻，局部区域在深层反而存在污染加重的现象，这可能是由于之前进行过大范围的尾矿砂清挖或污染物向下迁移导致的，但部分区域清挖不充分就进行了覆土，导致下层还残留有一定量的尾矿砂。其中，东侧区域覆土较厚，南侧和东南侧清挖不彻底，剖面数据表明，遗留尾矿砂深度达 0.9m。粒径分析结果表明土壤颗粒较粗，近 40%以上土壤颗粒粒径大于 0.25mm。镉（Cd）和铜（Cu）污染程度最严重的区域范围是 B 区域的南侧和东南侧，砷（As）、铅（Pb）、锌（Zn）和镍（Ni）污染最严重的区域范围是南侧。另外，西北片区表层土壤还存在轻微镉（Cd）污染，中部和东南侧表层土壤存在带状的轻微镉（Cd）污染。其中，西北片区和东南侧表层土壤中分别有小面积的轻度污染和中度污染情况；西北片区深层土壤中也存在轻微的镉（Cd）污染。

B 区域土壤中污染最严重的是重金属铜（Cu），除两个点位外，区域范围内表层土壤点位全部存在铜（Cu）污染，主要分布在西侧、东侧和东南侧。土壤中砷（As）、铅（Pb）、锌（Zn）和镍（Ni）的污染范围较小，局部污染程度较重。表层土壤中上述污染物的污染范围小，只在东南角存在点状污染。深层土壤中上述污染物的污染面积较表层土壤大，局部污染程度较高，主要集中在南侧和东南侧的片状区域，且四种元素的分布范围较为一致，说明污染来源相同，很可能来源于未清理彻底的尾矿砂。

C 区域污染范围最广、程度最深的是铜（Cu），休息亭周边至地面范围内存在镉（Cd）、砷（As）和铜（Cu）的复合污染，最大浓度分别为 3.5mg/kg、623mg/kg 和 873mg/kg。整个区域内表层土壤中均存在不同程度的铜（Cu）污染，重污染区主要集中在东侧，位于尾矿堆下方的带状区域，地势较缓。东北侧深层土壤中铜（Cu）污染比较严重，说明尾矿渣未清理完全就覆土植树。西侧靠近小山包，铜（Cu）的污染程度依次减轻。尾矿堆的清挖也可能导致尾矿砂下滑造成东侧表层土壤中铜（Cu）重度污染的带状分布。北侧和东侧区域表层土壤中存在镉（Cd）污染，深层土壤中砷（As）存在点状污染，程度较轻，分布情况与镉（Cd）污染情况类似。另外，锌（Zn）和铅（Pb）污染程度相对较轻，且面积较小。

综合以上对项目区土壤污染状况分析可知，3 个遗留尾矿库暴露的环境风险较大，污染较为严重，呈现明显的复合污染。重金属污染元素涵盖了大冶市主要的典型重金属，具有较强的代表性，且已经采取了一定的修复治理措施，此项目区为典型历史遗留尾矿库开展土壤污染来源控制工程和重金属污染土壤综合修复治理工程。

9）尾矿库修复工程。根据项目区的土地利用规划，A 区域 3 个尾矿渣堆存平台堆存矿渣较为有序，紧邻山体，矿渣堆体高度较高，均无任何安全整治措施，环境污染风险大。本项目 A 区域的修复范围包括低、中、高三层尾矿渣堆存平台，修复面积约 15 亩，拟修复为林业用地。B 区域修复面积约 65 亩，拟修复为旱地种植。C 区域修复面积约 70 亩，拟修复为林地。

从项目区的土壤污染调查结果来看，A 区域现场遗留大量尾矿渣，考虑修复后用地类型为林业用地，主要将尾矿渣实现安全阻隔，其中尾矿渣量约 60 000m³。B 区域重金属的修复范围为整个调查范围，其中 0~30cm 的修复面积约 43 000m²，相应土方量约 13 000m³；30~60cm 的修复面积约 38 000m²，相应土方量约 11 000m³；局部片区污染深度达 90cm，面积约 7200m²，相应土方量约 2000m³；B 区域工程量小计约 26 000m³。C 区域重金属污染土壤 0~30cm 的修复面积约 20 000m²，相应土方量约 6000m³；30~60cm 的修复面积约 12 000m²，相应土方量约 4000m³；C 区域工程量小计约 10 000m³。土壤修复项目区总面积约 150 亩（100 000m²）。

修复过程中，A 区域将铜（Cu）作为修复目标，B 区域将 pH 值、镉（Cd）、铜（Cu）作为修复目标，C 区域将镉（Cd）和铜（Cu）作为修复目标。

2. 修复技术

重金属污染土壤的治理修复是一项系统工程，在技术方案比选中需要充分考虑技术可行性、治理周期、土地规划用途和经济可行性等多种因素通过分析可能的修复技术及其优缺点，结合本项目修复区域特点，从预处理、渗透性、操作难易程度、设备设施获得性、修复周期、修复效果、修复成本和二次污染情况等参数方面，分别对各种常用的技术进行比选。其中阻隔填埋、异位固化/稳定化、植物修复、客土与深耕法以及钝化法具有较大优势。但本次修复的面积较大，矿渣量较大。A 区域主要是尾矿堆存场所，铜（Cu）含量高达 5.99×10^3mg/kg，现场遗留有大量尾矿渣，且靠近村庄、耕地和畜禽养殖场，地势较高，易受雨水冲刷造成周边土壤的污染；而 B 区域和 C 区域主要是矿渣堆存处清理后重金属污染的土壤，并已经分别采取简单的清运和覆土措施，但远达不到安全利用的程度。因此，综合考虑技术可行性和经济性，确定本项目 A 区域修复治理的最优技术是阻隔填埋技术，控制尾矿渣的环境风险，并覆土恢复成林业用地；B 区域污染土壤修复最优技术是钝化技术，同时，为了增加表层土壤肥力，在钝化处理后，投加有机肥进行土壤改良，以保证土壤的生态功能；C 区域土壤重金属污染修复技术选择结果与 B 区域一致：最优技术是钝化技术，并投加有机肥进行土壤改良。此外，根据 C 区域的现有地形等地质情况，开展地质环境保护与植被恢复，提高 C 区域地质稳定性，并使 C 区域的生态功能得到一定恢复。

根据项目土壤性质和污染特征，为保证项目区域修复目标的可达性，A 区域拟采用原位阻隔-林地复垦的修复技术，B 区域拟采用钝化-土壤改良的修复技术，C 区域拟采用钝化-土壤改良-植被恢复的修复技术。

土壤中重金属的钝化过程与添加的材料有关，主要作用机理包括吸附作用、沉淀作用、络合作用、离子交换作用和氧化还原作用等。在实际修复过程中，一些钝化剂往往会通过多种机理同时发生作用，降低土壤中重金属的活性。

1）吸附作用：钝化剂本身对重金属污染物具有很强的吸附能力，加入土壤后能提高土壤对重金属的吸附容量，从而降低重金属的生物有效性。

2）沉淀和表面沉淀作用：以石灰为代表的碱性钝化修复剂，施入土壤后可提高土壤 pH 值，土壤颗粒表面负电荷密度增加，对铅（Pb）、铜（Cu）、锌（Zn）、镉（Cd）和汞（Hg）等重金属离子吸附增强，另一方面有利于促使土壤中的镉（Cd）、铅（Pb）和锌（Zn）等污染物形成氢氧化物或碳酸盐结合态沉淀，而酸性土壤中施用磷石膏、红石膏和白云石残渣等能促使在表面沉淀，显著提高镉（Cd）、铜（Cu）和铅（Pb）在土壤固相组分中的稳定性，降低其迁移性和生物有效性。

3）有机络合作用：有机钝化剂表面含有大量的官能团（羟基、羧基、醛基、氨基、巯基等），能与重金属形成具有一定稳定性的重金属-有机络合物，从而降低土壤中重金属污染物的生物可利用性以及植物的吸收，特别是腐熟度较高的有机质可通过形成黏土-金属-有机质三元复合物增加重金属在土壤中的吸附量，且由于有机质的好氧分解，土壤中的氧化还原电位降低，还会促使六价铬（Cr^{6+}）还原成毒性较小的三价铬（Cr^{3+}）并生成沉淀，在土壤中化学性质更加稳定。

4）氧化还原作用：对于变价金属（如类金属）污染物，由于不同价态下，其生态毒性、生物可利用性及迁移性差异性较大，选择合适的氧化剂或还原剂可降低污染物毒性，达到钝化的目的。

重金属污染土壤修复常用的钝化剂主要包括磷酸盐类、硅钙物质、天然矿物材料、粉煤灰、钢渣、高炉渣、生物炭等。综合考虑各药剂应用的优缺点（表 7-4），本项目土壤修复的钝化药剂拟选用硅钙类或天然矿物材料，将土壤中活性重金属转化为具有长期稳定性的矿物类材料。

表 7-4　土壤修复常用的钝化剂种类及其优缺点

序号	种类	优点	缺点	选择结果
1	磷酸盐类	可吸附及诱导污染物吸附，又能与重金属生成沉淀，效果较为显著	增加磷的淋失，造成水体富营养化，同时引起作物生长环境营养失衡，影响锰、钙等营养元素的吸收	不建议采用
2	硅钙物质	促进重金属阳离子的吸附，也可以形成重金属碳酸盐、硅酸盐沉淀，降低土壤中重金属的迁移性和生物有效性，同时硅、钙可促进植物正常生长	大量施用会引起土壤过度石灰化，导致作物减产	建议采用
3	天然矿物材料	可使土壤中的重金属被矿物吸附，避免导致地下水、地表水及土壤污染，效果较好，同时增加土壤自净能力	若用于表层土壤修复，进入矿物中的重金属可能产生二次污染，改变土壤理化性质	建议采用
4	粉煤灰、钢渣、高炉渣等	可提高土壤 pH 值，促进重金属生成硅酸盐、碳酸盐、氢氧化物沉淀，对于酸性土壤效果较好，且成本低廉	容易对土壤功能造成影响，且不适用于盐碱化土壤	不建议采用
5	生物炭	对污染土壤中重金属形态、迁移、生物有效性都有影响	剧烈的土壤环境变化和微生物的分解作用会促使生物炭发生分解或降解，使吸附的重金属重新释放到环境中	不建议采用

项目区修复工程主要分为 3 个区域：其中 A 区域修复面积约 15 亩，属于遗留尾矿渣堆放区；B 区域占地面积约 65 亩，属于尾矿渣堆放压占农田；C 区域占地面积约 70 亩，包括尾矿渣堆放和周边生态园区。根据污染区域的位置、各分项工程对施工流程的要求和现场施工条件限制，拟将整个施工现场分为 4 个主要功能区域，即植被恢复区、设备材料暂存区、尾矿渣异位处置区和办公区。修复施工平面布置示意如图 7-15 所示。为保证项目区修复工程进行顺利，前期需要进行修复工程基本建设，包括土地平整与沟渠建设、灌溉系统建设、修建道路、临时建筑与附属设施，以及临时供电系统等。

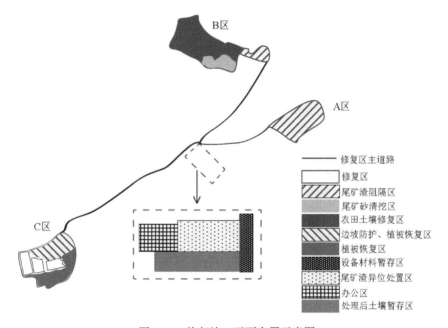

图 7-15　修复施工平面布置示意图

采用钝化与土壤改良相结合的修复技术方案，修复深度分为 0～30cm 和 30～60cm。对于南部表层覆土下的矿渣，需将其开挖后进行固化稳定化处理，清挖深度为 90cm。B 区对不同污染特征的区域土壤进行划分（图 7-16），有针对性地采取修复治理措施。 I 区遗留堆存有一定量矿渣，整治措施首先是进行机械为主、人工辅助的方式全面整理土地；其次是进行稳定化药剂的施用并培肥；最后进行乔灌木的种植。II 区南侧矿渣土壤采用挖土机械分层明挖的方法，配合人工清底。施工过程中合理穿插各工序，并优先保证矿渣土壤的清挖工作。III 区采用农用地土壤原位钝化＋土壤改良技术。

重金属污染土壤的钝化处理是在施加钝化药剂后，采取原位或异位方式，并借助搅拌机或者旋耕机将钝化药剂均匀地混合到土壤中，降低土壤中重金属有效态含量和生物有效性的处理方法。本项目钝化修复药剂的选取既要考虑钝化处理效果，满足相应修复目标，还需结合经济成本、环境友好性、效果持久性、可操作性和辅助措施等多方面因素进行综合考量。根据相关资料调研以及课题组前期开展的有关室内研究和大田实验，金属氧化物、伊蒙黏土及其改性材料、钙镁磷肥等具有较好的钝化处理效率，且对土壤有机质、碱解氮、有效磷、速效钾等肥力有一定促进作用，在较低添加比例下就能保证稻米中目标重金属含量控制在安全范围内，同时也具有较好的经济优势，因此本土壤修复工程的钝化药剂拟选用天然矿物材料。

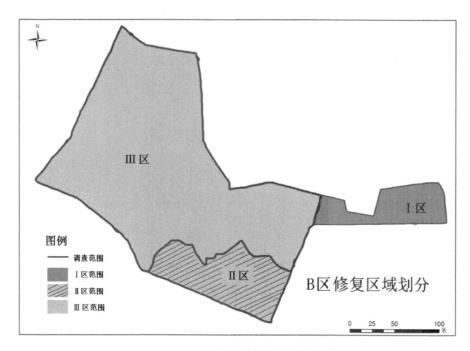

图 7-16　B 区不同整治措施区域划分示意图

对于钝化药剂的投加方式，由前期实验确定钝化药剂种类、修复方式、施用方法及用量后，按照既定方案采取水泥喷湿钝化材料的方法，并用旋耕机搅拌混匀，干湿交替处理 20 天左右，主要是调节土壤 pH 值至微酸性条件。处理完成后，加入目标钝化剂，通过搅拌机或者旋耕机将改性黏土钝化剂均匀的混合到土壤中，实现可溶态重金属的矿化，并喷施一定量的清水，或采取水浸方式投加。旋耕机搅拌混匀，同样进行干湿交替处理 20 天左右，通过晾晒土壤含水率至 25%～30%。每个月通过旋耕机搅拌 1 次，相邻两次的旋耕方向相反，钝化处理时间为 1～3 个月，保持土壤中含水率维持在 25%～30%，以保证钝化处理效果。针对钝化处理后的土壤表层，施加有机肥，利用旋耕机混合均匀，平整土地表层，从而达到耕种的要求。在完成修复基础上恢复土壤生态功能，保证修复后土壤 pH 值为 6.5～7.0，镉（Cd）的有效态含量降低 20%，铜（Cu）的有效态含量下降 20%。钝化修复工程实施流程如图 7-17 所示。

在整个工程实施过程中，钝化剂的施用量及施用的均匀性会直接影响钝化修复效果。因此，在 B 区农田土壤修复实施过程中，需注意几点。一是控制钝化剂的用量。保证钝化剂配比用量稳定，避免出现部分区域用量过大而对农田土壤结构产生破坏。钝化剂投加比例一般为 50～500kg/亩。二是钝化剂的均匀性。需将钝化剂均匀施于土壤中，避免出现漏施或者重复施用的情况，以保证农田土壤整体修复效果。采用翻耕进行原位搅拌，使土壤与钝化剂充分混合，平均每 1～2 个月搅拌一次。三是灌溉。修复工程中及时灌溉，保持土壤湿润。

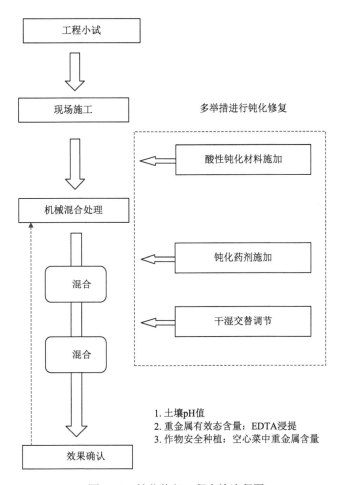

图 7-17　钝化修复工程实施流程图

采用有机肥调理技术，经钝化处理后的表层土壤施用氮肥、磷肥、有机质、鸡粪等有机肥，充分混匀后回填入土壤上层，通过一定时间的腐熟保证表层土壤的肥力。有机肥必须具备有效登记证，产品技术指标符合产品执行标准，即有机肥中重金属的含量必须满足《有机肥料》（NY 525—2012）中规定的限值。为了降低运费，建议优先采购本地符合要求的有机肥产品。在播种之前，施加全营养复合肥作基肥，以保证农作物的正常生长和农产品产量。施肥过程：在作物播种前采用施肥机施加，推荐基肥用量为 5kg/亩；在作物生长期间采用人工方式进行追肥，确保作物在中后期对养分的需求，追肥用量同样为 5kg/亩。

对于作物的种植，为掌握并及时检验钝化处理效果，本项目选用对污染重金属元素富集系数较高、生长周期较短的空心菜开展种植，并检测可食部位中重金属含量。种植方式如下：在钝化处理7～15天后，将钝化修复区域土壤进行翻耕、平整、起垄，育苗畦施用一定量农家肥和钾肥，浅翻搂平并浇足底水；浸种催芽，按照行距35cm、穴距15～18cm进行穴播，每穴播种3～5粒，然后覆土1cm左右；播种后要保墒、保温，加强肥水管理和虫害防治；生长35天左右，植株可达30cm高度，即可收获。土壤钝化修复后，种植的新鲜蔬菜中镉（Cd）的含量不得高于0.05mg/kg。

3. 工程目标

对于土壤的修复标准，目前我国还没有明确的规定。针对这种情况，国内普遍采用三种方法。一是直接采用我国土壤环境质量标准中相关的限值。二是根据国家相关规定，采用风险评价方法。根据地块水文地质条件、污染状况和地块未来用途，从健康风险角度由评价模型计算得出土壤的修复目标值，但该修复目标值需要根据相应的土壤环境质量标准、污染物分析方法的检出限及地块所在区域的土壤背景值等参数进行矫正。三是从风险管控和安全利用角度出发，考虑污染土壤中重金属有效态含量变化。根据项目区修复后的土地利用规划，采取有效态含量削减的方式确定修复目标。

综合考虑本项目不同修复区域的规划用途和污染状况，并结合我国目前土壤修复技术水平现状，本项目重金属污染土壤修复治理目标是采用控源手段有效降低环境风险，并根据"宜耕宜林"原则，结合项目区周边土地利用方式和整体功能区划，合理利用修复治理后土壤。

其中A区为尾矿渣集中堆存区，C区为尾矿渣散存区，目标是控制尾矿砂的环境风险和复垦后的生态景观，因此A区和C区修复标准参考《土地复垦质量控制标准》（TD/T 1036—2013），即A区修复目标为有效土层厚度≥20cm，土壤容重≤1.5g/cm³，土壤质地为砂土至壤质黏土，砾石含量≤50%，土壤pH值为5.5～8.0，土壤有机质含量≥1%；C区域表层土壤中镉（Cd）、砷（As）和铜（Cu）的平均污染浓度分别为0.54mg/kg、48.3mg/kg和189.5mg/kg，深层土壤中镉（Cd）、砷（As）和铜（Cu）的平均污染浓度分别1.26mg/kg、41.0mg/kg和254.1mg/kg，主要污染元素镉（Cd）和铜（Cu）的有效态含量分别为0.1mg/kg和15.7mg/kg。后期土地规划为生态景观用地，为降低污染土壤对周边环境的生态风险，在考虑达到《土地复垦质量控制标准》（TD/T 1036—2013）的同时，兼顾污染元素有效态含量削减的方式，即C区修复目标为有效土层厚度≥20cm，土壤容重≤1.5g/cm³，土壤质地为砂土至壤质黏土、砾石含量≤50%，土壤pH值为5.5～8.0，土壤有机质含量≥1%，植被覆盖率≥85%，镉（Cd）的有效态含量降低20%，铜（Cu）的有效态含量降低20%。

B区主要污染物为镉（Cd）和铜（Cu），表层平均浓度分别为1.2mg/kg和613.4mg/kg，平均有效态含量分别为0.14mg/kg和26.1mg/kg。66.3%点位的土壤pH值超过7.5，除参考《土壤环境质量标准》（GB 15618—1995，调查时国家法定标准）和《土地复垦质量控制标准》（TD/T 1036—2013）外，主要以重金属有效态含量削减的方式来确定。B区域尾矿砂压占农田土壤偏碱性，有效态含量较低，且堆存的尾矿砂大部分已清除，可考虑修复治理后恢复农用地的种植功能，修复后利用方式为旱地种植，大部分蔬菜适宜生长的pH值为6.5～7.0，为微酸偏中性土壤。不同种类蔬菜对重金属的吸收能力差异较大，对重金属元素而言，可通过食物链迁移进而危害人体健康的重金属物污染物位列第一的为镉（Cd），而土壤中高含量铜会对植物生长造成不利影响。对不同蔬菜种类的可食用部分而言，叶菜类蔬菜由于本身形态和生理特性较易富集重金属，其中空心菜富集效果较为显著，且生长周期短，易于种植与管理，可作为旱地钝化修复效果的指示作物。因而B区修复目标为pH值6.5～7.0，有效土层厚度≥60cm，镉（Cd）的有效态含量降低20%，铜（Cu）的有效态含量降低20%；同时，种植的蔬菜质量必须满足农产品安全标准，即蔬菜中镉（Cd）的含量≤0.05mg/kg（表7-5）。

表7-5 本项目土壤修复目标值

区域	指标	介质	利用分类	修复目标建议	参照指标和标准
A区	铜（Cu）	尾砂、土壤	林业用地	尾矿堆安全阻隔；植被恢复；达到《土地复垦质量控制标准》（TD/T 1036—2013）中针对灌木林地的复垦要求	有效土层厚度（cm）≥20
					土壤容重（g/cm³）≤1.5
					土壤质地：砂土至壤质黏土
					砾石含量（%）≤50
					pH值5.5～8.0
					有机质（%）≥1
B区	pH值、镉（Cd）、铜（Cu）	土壤	旱地	pH值调整至中性，恢复耕地功能；土壤重金属有效态含量降低，种植指定蔬菜达标	pH值6.5～7.0
					有效土层厚度（cm）≥60
					镉有效态含量降低20%*
					铜有效态含量降低20%*
					蔬菜中镉含量（mg/kg）≤0.05
C区	镉（Cd）、铜（Cu）	土壤	生态景观用地（林地）	镉、铜有效态降低，恢复林地功能，植被覆盖率85%以上。参照《土地复垦质量控制标准》（TD/T 1036—2013）中针对灌木林地的复垦要求	有效土层厚度（cm）≥20
					土壤容重（g/cm³）≤1.5
					土壤质地：砂土至壤质黏土
					砾石含量（%）≤50
					pH值5.5～8.0
					有机质（%）≥1
					植被覆盖率（%）≥85
					镉和铜有效态含量降低20%

*采用蔬菜标准中最严格的含量限值。

4. 工程总结

在该工程的实施过程中，3 个施工区域之间存在一定距离，同时修复区域的权属问题也给施工造成一定困难。在调查过程中，由于时节问题，采集的农产品样品的种类和数量比较有限，在一定程度上影响了对项目区农用地污染程度的准确评价。因此，建议在开展农用地土壤调查和修复工程前，合理规划调查区域，确定区域的权属问题，从而保障修复工程的顺利实施；建议可开展专门的农产品调查项目，调查对象包括区域内和大冶市不同时节生产的所有农产品种类，从而更加深入地了解项目区和大冶市农产品中重金属的含量情况。

第二节　农用地种植结构调整工程

一、项目区域简介

农用地种植结构调整工程项目位于湖北省大冶市还地桥镇，锦冶线高速的南北两侧。紧邻乡村道路，地势较位平坦，秀山水库西侧的小片区域土壤多为旱地和荒地，旱地种植有蔬菜、玉米、红薯和棉花等农作物。区域北侧临近非金属矿开采区，周边林木较密，临近秀山水库的水闸口。其余区域在秀山水库和松屏煤矿的南侧区域内，种植农作物为灌浆期—成熟期水稻和部分旱地作物（如花生、红薯和蔬菜），小块区域为水塘和苗木种植区域，在靠近松屏煤矿南侧的农田土壤中可见煤渣等黑色堆积物。项目区土地多为农户自行种植，种植品种有较大差异性，区域内地势较为平坦，村庄间交通便利。沟渠修建完善，灌溉水渠分布较多，基本水利设施比较完善。

该区域内农田主要是水稻种植和旱地种植，土壤分布较为均质。为深入了解项目地区农用地土壤中重金属污染状况和分布规律，采用网格布点法，按照国家有关技术规范采集了表层土壤样品（0～20cm）38 个、地表水样品 1 个、农产品样品 5 个。根据前期调查结果和资料调研，确定土壤样品的检测指标主要包括 pH 值、含水率、有机质、阳离子交换量、常见 8 种重金属元素含量[镉（Cd）、砷（As）、铅（Pb）、锌（Zn）、铜（Cu）、铬（Cr）、镍（Ni）和汞（Hg）]、六六六（六氯环己烷）、滴滴涕（DDT）；水体样品的检测指标包括 pH 值、常见 8 种重金属元素全量[镉（Cd）、砷（As）、铅（Pb）、锌（Zn）、铜（Cu）、铬（Cr）、镍（Ni）和汞（Hg）]；农产品样品的检测指标包括镉（Cd）、砷（As）、铅（Pb）、铬（Cr）和汞（Hg）。

项目区域主要存在大面积的镉（Cd）污染，且污染程度重，局部存在镉（Cd）、砷（As）、铜（Cu）的复合点状污染。根据项目区域土壤的污染特征和周边环境、交通、地势分布等情况，综合考虑项目实施的难易程度、修复成效和经济效益等因素，将项目区域划分为 A 区和 B 区两个区域，面积分别约为 270 亩和 220 亩，总面积为 490 亩，主要为镉（Cd）、砷（As）、铜（Cu）污染。

区域内土壤中污染物含量较高，超过了《土壤环境质量 农用地土壤污染风险管控标准（试行）》（GB 15618—2018）规定的管制值，且综合污染指数 P_n 大于 5，因此划定为严格管控类农用地。在该区域内严禁种植食用农产品，可采取调整种植结构、退耕还林还草、退耕还湿、轮作休耕、轮牧休牧等风险管控措施。

依据国家对土壤污染防治先行区"先行先试"的技术要求，提出了"种植结构调整"的农用地土壤管理技术。种植结构调整工程除技术难点外，更重要的是需要当地政府政策引导和当地民众配合。因此方案建议该工程由政府主导，并鼓励当地有实施经验的农村合作社和企业参与，利于在项目区和大冶市形成实际有效和可推广的技术模式。种植结构调整的工作核心是充分利用当地优势资源，因地制宜，发展高效特色经济作物，坚持以市场为导向，以农业增效、农民增收为目标，依靠科技进步，强化政策引导，调整优化经济作物种植结构、品种结构和区域布局。笔者在前期调研的基础上提出了相关种植建议，具体工程实施前，施工方应深入调研当地优势资源和特色经济作物，并与当地政府和农民充分沟通，在政府监督和指导下，以形成可复制可推广的种植结构调整技术模式。

二、种植结构调整内容

通过前期调研发现，大冶市现有多个苗木种植示范基地，例如上海绿亚彩叶花卉基地、千亩楚天花卉苗木基地、千亩彩叶石楠花卉苗木基地和千亩香花槐苗木基地，均具有较为丰富的种植经验，市场前景广阔。另外，项目区域交通便利、劳动力和水利设施较为充足，项目建设内容包括苗圃种苗繁育基地设施、种植基地土地整改、种苗定植、水利及其他配套设施、采后收购处理，以及对苗农的技术培训等。

1. 农田土壤改良

为了确保种植的苗木所需的营养，需对土壤进行改良。本项目改良剂的选取既要考虑钝化处理效果，满足相应修复目标，还需结合经济成本、环境友好性、效果持久性、可操作性、辅助措施等多方面因素综合考量，对土壤有机质、碱解氮、有效磷、速效钾等肥力特征要有一定的促进作用，较低添加比例下能保证苗木的正常生长，具备良好的技术和经济优势，因此本项目土壤的改良剂拟选用有机肥料。改良剂中重金属的含量需满足《有机-无机复混肥料》（GB 18877—2009）、《有机肥料》（NY 525—2012）、《生物有机肥》（NY 884—2012）和《水溶肥料 汞、砷、镉、铅、铬的限量要求》（NY 1110—2010）等相关标准中规定的含量限值。

2. 苗木种植

选用适宜于大冶市当地气候条件和土壤类型的苗木类型，如香樟树、油茶树、桂花树、金叶女贞、玉兰、国槐、樱花、梧桐、银杏等经济苗木品种。采购优良品种埋种后，进行保温覆盖和浇水，催芽成苗后确保水肥管理充足。进行穴盘育苗，将穴盘苗移栽到栽培的基质中进行培育，进行光照、水分、肥力、病虫害管理等日常维护。生长至一定冠幅后可进行售卖。如图 7-18 所示，依据苗木类型的差异，也可进行播种方式或裸根苗穴植种，通常选用截干移植至大田中，种植密度一般为 2000～3000 株/亩。

图 7-18　苗木种植

3. 专项管理

设施农业管理。针对种植结构调整的农田全面实行优化水分和肥料管理，安排专人负责，以灌溉水源为单元，实行统一灌溉，严防污水灌溉。加强水质监测，一旦发现污染企业违规排放废水直接入田或污染灌溉水源，及时向生态环境局汇报，建议立即采取果断措施关停污染企业，消除污染源。另外，严格控制农药、肥料的质量、种类和施加量，以减少新的重金属进入土壤。

土壤环境质量监测。重度污染土壤种植结构调整实施过程中要对土壤环境质量进行密切跟踪，每年每 10～15 亩采集 1 个土壤样品，每个样品测试土壤 pH 值及有机质含量，镉（Cd）、砷（As）、铜（Cu）、铅（Pb）和铬（Cr）等污染物的总量和有效态含量，监测土壤中重金属含量变化情况。

苗木生长状况监测。虽然重度污染土壤采用种植结构调整，将所种植的粮食作物被苗木和经济作物等代替，但是，对苗木和经济作物等也要进行必要的监测，了解其生长情况和重金属的影响，以及是否影响苗木和经济作物等的后续销售和加工。

产品产销管理。为了保证严格管控类区域土壤对现有种植结构的调整，对范围内农用地进行统一管理，保证种植的品种符合要求，田间管理方式符合要求。

种植结构调整的补偿。为了保证严格管控类农用地种植结构调整的可行性，需提高农户的积极性，对农户进行经济补贴。建议政府有关部门后续对种植结构调整区域种植的香樟树、油茶树等植物进行必要的补助，保障种植结构调整工程的顺利实施和延续。

三、工程验收

种植结构调整工程区域的验收标准为：根据该区域土壤性质、苗木和经济作物种植特色、高收益类型、农民种植意愿等确定具体种植类别，一般情况下建议该区域只种植苗木、花卉等非食用性经济作物（工程实施前向项目管理单位提交具体种植种类及工程实施规划）。工程完成后以苗木存活率、经济收益等指标进行综合评估和验收；提交种植结构技术模式报告，其中报告中必须包含种植结构调整实施方案、经济效益分析（含证明材料）和管理模式等内容。

在严格管控区域，土壤中重金属的含量较高，超过对应的管制值，农产品超标的风险极大，不得种植可食用农产品。采取种植结构调整工程，既能保证农产品免受重金属污染，又能产生一定的经济效益。采取种植结构调整或退耕还林还草计划，并兼顾生产经济效益和社会效益，其中经济效益达到同等条件下（以项目完成前一年当地农业部门公布的经济作物平均效益为准）的平均水平，周边群众参与意向度较高。

四、工程总结

该区域土壤中重金属污染物含量较高，已超过土壤标准中规定的管制值，农产品超标风险极大，因此不建议种植可食用农产品，改种苗木、花卉和经济作物等。但是，在工程实施过程中，部分农户以种地为生，苗木和花卉具有一次高投入和短期低回报的特点，而种植的经济作物并没有配套后续的收购政策，令很多农户无法接受，给种植结构调整工程的实施带来很大的困难。另外，建议相关部门做好协调工作，确保项目区培育的苗木有合适的市场，保障农户的正常收益。

第三节　尾矿库综合整治工程

一、原位阻隔工程

1. 项目区域简介

该项目与本章第一节中的"钝化修复工程"在同一背景下开展，为同一区域范围内拟修复治理的遗留尾矿库之一。该工程的基本情况见本章第一节"农用地土壤重金属污染安全利用工程"部分。

2. 工程内容

通过对常见的修复技术的优缺点进行分析对比，结合本项目修复区域的特点，结合技术可行性和经济性，该区域修复治理的最优技术是阻隔填埋技术，控制尾矿渣的环境风险，并覆土恢复成林业用地。

该区域修复面积约为 15 亩，遗留尾矿渣堆放区的尾矿渣为 60 000m³。尾矿渣堆存区以低山丘陵山区地貌为主。根据项目用地的土地利用规划，该区域 3 个尾矿渣堆存平台堆存的矿渣比较有序，紧邻山体，矿渣堆体高度较高，均无任何安全整治措施，环境风险大。堆放的矿渣中的污染物，主要以铜为主。由于矿渣露天堆放，水土流失和矿渣侵蚀比较严重，给周边环境带来严重的安全隐患。因此矿渣采用原位阻隔处理技术，工程措施依次包括矿渣覆盖、固化/稳定化反应墙、挡渣坝、边坡加固、覆土、浅表水收集和防渗等，修复后作为林业用地，与周边山林景观保持一致。其中需保证有效土层厚度、土壤容重、土壤质地、砾石含量、土壤 pH 值和土壤有机质含量达到一定要求，具体见"工程目标"部分。矿渣堆放区地块平整面积约为 10 000m²，按照平均高度 1.5m 计算，平整土方量约为 15 000m³。边坡固定覆土植被层应覆土约 6000m³，覆黏土约 2000m³，铺设碎石约 1500m³，布设无纺土工布防渗层约 10 000m²。

边坡治理工程是尾矿库整治项目的重要组成部分，尾矿砂堆存平台之间的坡面高度在 1.5~2.0m，可利用现有坡度不放坡，采取工程护坡和植物护坡相结合的方式进行边坡固定。边坡固定工程示意图如图 7-19 所示。

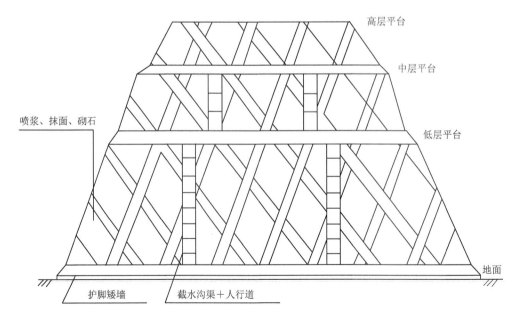

图 7-19 边坡固定工程示意图

矿渣原位阻隔工程包括固化/稳定化反应墙和挡渣坝建设、处置单元覆盖、截排水沟导流 3 个部分。

固化/稳定化反应墙布置于挡渣坝的内壁，起防水、阻滞污染物和支撑作用。以钢筋混凝土面板作为结构支撑，活性反应介质填充于矿渣与混凝土面板之间（宽度为 0.15m）。填充的处理活性反应介质可选择铁基生物炭材料，主要作用是将矿渣与周围环境隔离，防止矿渣通过淋滤等作用将污染物排放至周围土壤中。污染物固化/稳定材料利用土工合成材料封装后，现场可直接铺设施工。本区域反应墙长约 500m。外围挡渣坝布置于固化/稳定化反应墙的外侧，起阻滞矿渣和支撑作用。本区域挡渣坝长约 550m，挡渣坝采用浆砌石砌筑，上宽约 0.6m，下宽约 1.7m，坐墩约 2.0m，高约 2.2m，梯形挡渣坝下有底座厚约 1.0m，宽约 2.0m，采用无钢筋混凝土压顶。

覆盖层在早期一般为单层渗透性较小的回填土，后来逐渐发展为多层结构。笔者通过调查分析，本工程矿渣中的主要污染物为铜（Cu），污染物浸出风险较低，其中覆盖层的设计可以适当优化，但必须保证效果。采用截排水导流措施防止水与尾矿渣接触，可以有效阻止尾矿渣渗滤液及重金属的溶出。将"源头控制"和"末端治理"两者实现有效结合，可从治本的角度解决尾矿堆场对环境的污染。本项目的截排水导流措施主要包括有两类，一是矿渣阻隔工程内部设置的侧壁导流，二是阻隔工程外部覆盖单元及坡面的截排水沟。

3. 工程目标

该区域为尾矿渣集中堆存区，因此该区域的修复标准主要参考《土地复垦质量控制标准》（TD/T 1036—2013），即修复目标为有效土层厚度≥20cm，土壤容重≤1.5g/cm³，土壤质地为砂土至壤质黏土，砾石含量≤50%，土壤 pH 值为 5.5～8.0，土壤有机质含量≥1%（表 7-6）。

表 7-6 尾矿库原位阻隔技术修复目标值

序号	指标	目标值
1	土壤 pH 值	5.5～8.0
2	有效土层厚度	≥20cm
3	土壤容重	≤1.5g/cm³
4	土壤质地	砂土至壤质黏土
5	砾石含量	≤50%
6	土壤有机质含量	≥1%

4. 工程总结

该区域对原有尾砂库进行了原位阻隔，有效防止尾砂通过扬尘和淋滤等途径对周边环境造成污染。修复后的尾砂库恢复为林地用地,种植各种苗木,由于覆土厚度约为20cm,建议种植根系较浅的苗木,防止植物根系过深而破坏阻隔层和尾砂污染周边环境。另外,建议定期监测区域内和周边的地下水质量,判断和评价防渗层的完整性,并根据监测结果进行必要的修缮。

二、生态恢复工程

1. 项目区域简介

项目区位于大冶市金湖街办某生态园区内,调查范围包括三座尾矿库,位于东经114°57′4″~114°56′53″,北纬30°4′17″~30°3′53″,具体位置如图 7-20 所示。距大冶市4km,东距 315 省道 2.2km,西有矿冶大道与 G45 国道相接。本工程的主要保护目标为当地居民和生态环境等。在调查区域内,汇集地表水的河流下游暂无人畜饮用水取水点、农业用水取水口等需要特别保护的取水设施。一号尾矿库的生态功能定位为游客服务中心,附带停车场和广场景观。二号尾矿库的生态功能定位为具有美丽乡村景观的农林用地,三号尾矿库的生态功能定位为景观农林用地。

图 7-20 尾矿库地理位置图

一号尾矿库的现场踏勘图如图 7-21 所示。该尾矿库位于石头咀铜铁矿选厂西南方向,矿冶大道往八角垴村方向约 600m 处的道路西侧,东距 315 省道约 2.2km。西侧紧邻一引水渠,最终汇入大冶湖,东北方向距大冶湖直线距离约 4km。最初选址为天然低洼地进行排弃，面积约 4hm² （即 60 亩），库容达到 83 万 m³ 左右，一号尾矿库现已停止排尾。库面裸露，整体标高低于路面 20cm 左右；内部西侧有低洼水坑。经现场调查，一号尾矿库没有初期坝，也没有截排水沟和雨污分流设施。

图 7-21　一号尾矿库现状及西侧水渠

二号尾矿库位于大冶市细屋刘弯村以西 900m 处，八角垴村西北 500m 处，东距 315 省道 1.8km。东北方向距大冶湖直线距离 3.5km。尾矿库位于低洼处，四周多为坡度较缓的耕地和荒地。二号尾矿库现场踏勘情况如图 7-22 所示。尾矿库面积约 4hm² （60 亩），由 3 个无主尾矿库组成，其中 1 个尾矿库总库容约 125 万 m³，有效库容约 104 万 m³，设计服务年限 16.5 年，坝高 7m，库长 142m，为四等库。库面有积水，企业生产时，积水澄清后全部回用，现属于无主尾矿库，积水待处理。另外两个尾矿库历史遗留问题比较复杂，没有建设情况等资料，属小企业乱排乱弃。现场调查发现这两个尾矿库都是利用低凹地形排放尾砂，都没有尾矿坝，安全稳定性问题相对较低。另外，积水淹没了周边租用的农田，环境风险较大。

图 7-22　二号尾矿库现场踏勘图

二号尾矿库尾砂为某矿业公司产生的铜铁矿尾砂。尾矿在堆积过程中容易因风力产生扬尘，另外如果防渗措施不到位，库区的渗滤液泄漏和尾矿水漫顶也会对周边农用地土壤、下游地表水和地下水造成污染。

根据该尾矿库工程项目环评报告等资料，原尾矿库未办理环境影响评价手续。堆存的 43 万 m³ 尾砂通过分级综合利用，其中尾砂粒度 >0.05mm 的胶结充填；尾砂粒度 ≤0.05mm 的通过某选矿厂再选，再通过尾砂输送管线输送到本尾矿库。

三号尾矿库位于某铜铁矿选厂西南方向，矿冶大道往八角垴村道路 600m 处的路东，东距 315 省道 2.2km。尾矿库主要接纳来自石头咀矿山某矿业公司的铜铁尾矿。北侧紧邻一引水渠，最终汇入大冶湖，东北方向距大冶湖直线距离 3.8km。尾矿库面积约 17hm²（255 亩），总库容约 160 万 m³，有效库容约 130 万 m³。服务期 16 年，坝高约 6m，坝长约 1000m，四等库。现场踏勘（图 7-23）时该尾矿库仍在使用，年入库尾砂约 90 000t，尾砂通过管线输送排放，库东侧有积水，澄清后全部回用。现场调查了解到，西南侧距围墙 50m 以内的范围内，历史上由多家无主铜铁矿小企业排弃堆放，属历史遗留问题。

图 7-23 三号尾矿库现场踏勘图

现场调查发现三座尾矿库均没有按照标准设计建造。尾矿库建设前未做水文地质勘查，库下方水文地质条件不明。库底没有防渗措施，尾矿坝缺乏完善的排洪、排渗设施，尾矿库内的积水有可能发生泄漏，存在较大的环境风险。

尾矿库所在地为大冶市金湖街道一带，根据项目排污特点及当地环境状况，项目影响区域主要为库区下游的大冶湖及尾矿库周边区域的村庄等其他需要特殊保护的敏感区域。本工程主要保护目标为当地居民和生态环境等。区域内汇集地表水的河流下游无人畜饮用水取水点、农业用水取水口等需要特别保护的取水设施。

土壤取样 1 号点位铜（Cu）超标，超标倍数为 0.6 倍，其余点位均未出现重金属超标现象。尾矿库表层和深层尾砂均存在铜（Cu）超标现象，结合周边土壤环境监测指标，尾矿库为周围环境中重金属的主要风险源。

尾矿库不同深度尾砂样品中铜（Cu）的形态都以残渣态形式赋存，占总量的比例高达 85%以上，其次以铁锰结合形态和有机结合态较多，所占比例为 8%～10%；可交换态（水溶态和离子交换态）的比例最少，所占比例不足 0.05%，因此在一般条件下尾砂中的铜（Cu）很难进入周边水体；碳酸盐结合态的比例也很低，为 3%～4%。本次调查的尾砂样品和周边土壤样品的 pH 值均大于 8，因此尾砂中碳酸盐结合态的重金属铜（Cu）释放进入水体的量也较少。因此尾砂中铜（Cu）含量虽高，但是赋存状态比较稳定，环境危害性相对较小。资料显示，本次调查的尾矿库尾砂属于一类一般固体废物。

本次调查的尾矿库属于铜铁尾矿库，属于一次性筑坝，坝高基本接近地面，是利用当地天然坑塘进行设计，属于大冶湖水系。尾矿库的库容较大，属于在运行尾矿库。对该尾矿库进行了环境风险预判、环境风险等级划分、周边环境敏感性分析和尾矿库控制机制可靠性评估。

尾矿库环境风险预判：根据《尾矿库环境风险评估技术导则（试行）》（HJ 740—2015），从尾矿库的类型、规模、周边环境敏感性、安全性、历史事件和环境违法情况五个方面对尾矿库环境风险进行预判，根据预判结果，尾矿库符合预判表中矿种类型和尾矿库规模，因此确定本尾矿库属于重点环境监管尾矿库，需开展环境风险评估。

尾矿库环境风险等级划分：根据评分方法，对尾矿库类型、性质和规模三方面进行评分和累加求和，评估尾矿库环境危害性（H）。本尾矿库环境危害性得分为 78，大于 60，根据尾矿库环境危害性等级划分表确定本尾矿库的风险等级为 H1。

尾矿库周边环境敏感性：根据评分方法，对尾矿库下游涉及的跨界情况、周边环境风险受体情况、周边环境功能类别情况进行评分和累加求和，评估尾矿库周边环境敏感性（S）。本尾矿库周边环境敏感性得分为 48.5，介于 30 至 60 之间，根据尾矿库周边环境敏感性等类别划分表确定本尾矿库的风险等级为 S2。

尾矿库控制机制可靠性：根据评分方法，对尾矿库的基本情况、自然条件情况、生产安全情况、环境保护情况和历史事件情况五方面指标进行评分与累加求和，评估尾矿库控制机制可靠性（R）。尾矿库控制机制可靠性得分为 22，小于 30，根据尾矿库周边环境敏感性等别划分表确定本尾矿库的风险等级为 R3。

尾矿库环境风险综合等级：综合上述的尾矿库环境危害性（H）、周边环境敏感性（S）、控制机制可靠性（R）三方面的等别，对照尾矿库环境风险等级划分矩阵，确定尾矿库的环境风险等级为"较大（H1S2R3）"。

2. 修复技术

结合本项目实际情况，治理工程主要包括尾矿库生态修复与尾矿库废水处理。生态修复工程的设计要符合当地种植习惯，与当地气象气候和土壤条件相适应，促进复垦土地的良性循环。种植品种的选择以《造林技术规程》（GB/T 15776—2016）、《生态公益林建设技术规程》（GB/T 18337.3—2001）为基础，结合当地造林经验，以当地品种优先为原则。复垦后土地的生态景观要与周边环境融为一体，引入适宜品种时，不得引入可能造成物种入侵的品种。植物品种的选择可参考表 7-7。

表 7-7 复垦工程选择植物品种

类型	物种	主要生物学特性	植被图	
乔木	马尾松	松科，常绿乔木，喜光、喜温。适于生长在年均温 13~22℃的环境中，根系发达。喜微酸性土壤，怕水涝，不耐盐碱，在石砾土、沙质土、黏土中能生长		
	日本晚樱	落叶乔木，蔷薇科樱花属浅根性树种，喜阳光、深厚肥沃而排水良好的土壤，有一定的耐寒能力		
	香樟	樟目、樟科、樟属，常绿大乔木；是优良的绿化树。多喜光，稍耐荫；喜温暖湿润气候，耐寒性不强，适于生长在砂壤土，较耐水湿		
灌木	胡枝子	落叶灌木，对土壤要求较低，喜光，也耐荫，根系发达，耐寒，耐干旱气候，耐土质瘠薄，萌生力强，生长较快		
	大叶黄杨	灌木或小乔木，高 0.6~2m，喜光，稍耐荫，有一定耐寒力。在微酸、微碱土壤中均能生长，在肥沃和排水良好的土壤中生长迅速		
	银合欢	落叶灌木，对土壤要求不高，萌发力极强，适应性强，抗旱，耐瘠薄盐碱，是保护生态绿化荒山的理想树种		
	丹桂	常绿乔木或灌木，高 3~5m，分布于长江流域及其以南地区，弱阳性，喜温暖湿润气候。花期 9~10 月上旬		
	迎春	落叶灌木植物，直立或匍匐。喜光，怕涝，要求温暖而湿润的气候，疏松肥沃和排水良好的沙质土，在酸性土中生长旺盛		

续表

类型	物种	主要生物学特性	植被图	
灌木	杜鹃	落叶灌木，高 2～5m；耐荫，耐瘠薄，有菌根，喜凉爽、湿润气候，忌酷热干燥		
	小叶女贞	木樨科女贞属，落叶灌木，高 1m 左右，耐寒性好，耐水湿，喜温暖湿润气候，喜光、耐荫。须根发达，生长快		
	夹竹桃	夹竹桃科、夹竹桃属，直立灌木，喜光，喜温暖湿润气候。适生长于排水良好、肥沃的中性土壤，微酸性、微碱土也能适应，适应性强		
	紫荆	豆科紫荆属灌木，紫荆喜光，有一定耐寒性。喜肥沃、排水良好土壤。耐修剪。适应性较强，具有良好的水土保持功能		
草本	早熟禾	一年生或冬性禾草，喜光，耐荫性、耐旱性较强，抗热性差，在气温达到 25℃左右时，逐渐枯萎，对土壤要求不严，耐瘠薄，但不耐水湿		
	白花三叶草	蝶形花科，三叶草属短期多年生草本，喜温暖湿润气候，不耐干旱，较耐渍水和贫瘠，喜肥沃土壤。再生力强。茎节再生蔓延能力强，耐践踏		
	鸢尾	鸢尾科多年生草本，根状茎粗壮。主要分布在中国中南部。可供观赏，花香气淡雅，花期 4～5 月。喜水湿、微酸性土壤、耐半荫或喜半荫		
	马蔺	多年生密丛草本，耐重盐碱的植物，耐践踏，根系发达，可用于水土保持和改良盐碱土。在绿地、道路两侧、绿化隔离带现应用较多。		

续表

类型	物种	主要生物学特性	植被图	
草本	波斯菊	菊科、秋英属，一年生或多年生草本，高1～2m，中国栽培甚广，在路旁、田埂、溪岸也常自生，喜光，耐贫瘠土壤		
	石竹	石竹科、石竹属，多年生草本，耐寒、耐干旱，喜阳光充足、干燥、通风及凉爽湿润气候。忌水涝，好肥		

一号尾矿库由凹坑填筑尾砂而成，没有初期坝，现已为平地。由于缺少尾矿库建设时期的基本资料，尾砂的实际深度没有具体资料。根据笔者现场调查结果可知，尾砂深4～5m。一号尾矿库规划为游客中心和停车场。该游客中心功能主要包括：①引导功能：游客接待中心一般位于某生态园和美丽乡村的入口处，起着窗口的作用，通过这个窗口，旅游者可以了解整区域内环境、景物和旅游各组成要素的分布、组合以及存在的问题。②服务功能：可为旅游者提供住宿、休息、餐饮、交通、娱乐和购物等服务。③游憩功能：游客接待中心距风景区较近，本身也有部分特殊的自然风光，附近的景观建筑或民俗风情也直接是景区的一部分，让旅游者在逗留时间内可安排部分时间进行游览和休息。④集散功能：游客接待中心是本区域与大冶市的交通连接点，对来往旅游者具有集散作用。⑤解说功能：是游客接待中心最为重要的功能之一，解说、传授和住处服务作为基本的交流手段既让大众清楚、明白关于生态园和美丽乡村的自然和文化资源的意义和价值。⑥其他功能：包括银行、失物招领、物品寄存、医疗服务、邮政服务和残疾人设施的提供等。

针对游客接待中心的规划，主要建筑物包括办公功能区、游客活动区、休闲广场、停车场和景观水池等。建议采用停车场行道树搭配部分季节景观植物。其中，行道树可选用日本晚樱；地块植物可选用丹桂、银合欢、迎春、小叶女贞、杜鹃和紫荆等具备不同季节特色的景观灌木，同时搭配鸢尾和马蔺等赏花绿化草本。

一号尾矿库没有拦挡坝，需要在东西两侧设计拦挡坝（图7-24），坝脚应达到基岩深度。材料以混凝土为主，开挖灌浆浇筑。由于尾砂持水率比较高，库中部沉陷概率大于周边，故建筑物应分布在尾矿库的四周，库面用电磁起重机吊重夯实。游客中心和停车场的地表需进行蜂巢隔室加固，加固厚度和用料参数根据承载力实验确定。另外，需要注意在区域内土地整理过程中，必须使其具备一定地势高度或呈整体坡度，便于区域内的排水。项目建设之前对一号库整体范围内进行抽水，将抽出的废水通过水泵排入正在运行的三号尾矿库中。

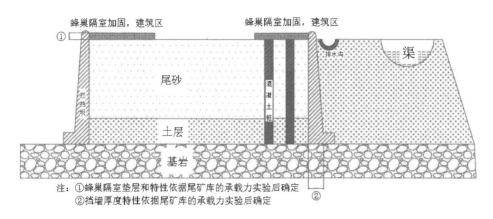

注：①蜂巢隔室垫层和特性依据尾矿库的承载力实验后确定
②挡墙厚度特性依据尾矿库的承载力实验后确定

图 7-24　一号尾矿库拦挡加固混凝土桩基作业示意图

截排水沟：在一号尾矿库边沿设置环形截水沟，使区域以外的降雨不汇入尾矿库，尾矿库内的降雨自流排入该截排水沟中。环形截排水沟最低标高位于西北端，排入西侧水沟中。建筑物和停车场以外的区域必须硬化或绿化，降低降水过程中通过径流进入尾矿库的水量，从而降低尾砂与水的接触。游客服务中心的建筑不少于一层，推断一号库的尾砂对建筑的承载能力非常有限，为防止沉降，有必要在建筑物下方进行混凝土桩基作业（图 7-24），深度必须达到基岩。

二号尾矿库地处山谷之间，地势较低且有初期坝，所以在复垦为林地之前需设计排水系统。由于地下水毛细作用，以及降水进入尾矿库后容易造成尾砂和覆土层中所含水分的相互补给。为保证覆土层的土壤质量，建议在覆土前在尾矿库面设置防渗层。在阻隔地下水交换的同时，及时将降水通过防渗层排导到排水系统中，保证覆土层的稳定性。针对二号尾矿库的土地复垦工程，主要包括排水工程、防渗工程、覆土工程、生物化学工程、植被工程和监测工程。

二号尾矿库由 3 座尾矿库组成，总体地势西侧、北侧和南侧为缓坡，东侧为相对较高的农田；西北角为开放的凹口，地势低，可通往三号尾矿库。所以在标高上方的山坡开挖截洪沟，将库区上游汇水（主要为清水）拦截导入下游。截水沟上口宽约 0.8m，下口宽约 0.6m，深度约 0.8m，截洪沟长约 1200m。

对于其中有拦挡坝的尾矿库，为避免降雨径流冲刷尾矿库面和坝坡，在堆积坝顶和坡面设置截水沟和坡面排水沟，将雨水引致初期坝上的排水渠，并最终排入尾矿库所在山体的外部径流中。

坝顶截水沟、坡面排水沟断面尺寸均为：上口宽约 1.5m，下口宽约 1.0m，深度为约 1.5m；

排水渠：上口宽约 1.6m，下口宽约 1.0m，深度约 1.0m；

排水渠和坝顶截水沟、坡面排水沟均采用浆砌石结构，总长约 300m。

整地工程。在截洪沟减少周边汇水进入尾矿库的基础上，对尾矿库范围内的地形进行整理，使整体呈"东侧高、西北侧低"的特点，并呈 3°～5° 的倾角，落入尾矿库范围内的自然降水依地势自流至西北侧低凹处，排出二号尾矿库。

防渗工程。尾矿库库面完成疏干排水后，经初步库面平整，铺设膨润土防水毯（GCL）防渗垫，将降雨渗水通过防渗层排到周边的排渗管中导出覆土层。防渗垫的规格为 5kg/m^2，渗透系数小于 1×10^{-7}cm/s，铺设面积约 40 000m^2。膨润土防水毯的施工示意图如图 7-25 所示。

图 7-25　膨润土防水毯防渗垫现场施工图

尾矿库库面覆土的厚度主要依据植物生长所需土壤厚度而定，尾矿库库面比较平坦，可直接覆土，覆土厚度 50cm。坝体边坡采用自卸汽车从坝顶倾倒的方式，结合人工进行覆土，复垦为草地，覆土厚度 30cm。尾砂极为贫瘠，本次施加复合肥，每公顷施加量约 600kg，施加复合肥应在种植工程前完成。

尾矿库库面复垦为林地。乔木栽植间距为 3m×3m，灌木种植密度为 2500 株/hm^2，草本：草种播种标准为 45kg/hm^2。坝体边坡复垦为草地，主要选用植物品种为早熟禾，旨在起到护坡作用，草种播种标准为 45kg/hm^2。坝脚靠近排水沟的位置搭配鸢尾和马蔺等赏花草本。另外，坝顶不再作为通行道路，在坝下专门设置道路，并栽植行道树。

总之，以上排水整地及覆土防渗工程满足《造林技术规程》（GB/T 15776—2016）及《土地复垦质量控制标准》（TD/T 1036—2013）中要求的地形和土壤标准，符合尾矿库生态修复及土地复垦的造林要求，具备水土保持植物、环境改良植物及一般景观植物的生长条件。

针对三号尾矿库土地复垦工程，主要包括覆土工程、生物化学工程、植被工程以及监测工程。尾矿库库面完成疏干排水后，经库面初步平整后，铺设高密度聚乙烯复合土工膜，膜厚 0.3cm，渗透系数小于 1×10^{-7}cm/s，铺设面积约 14 万 m^2。覆土厚度依据后续种植的植物生长所需土壤厚度而定，尾矿库库面比较平坦，直接覆土，覆土厚度 50cm。

因尾砂极为贫瘠，在开展种植工程之前进行复合肥的施加，每公顷建议施加量为600kg。

拟种植的乔木为马尾松，耐性强，植株中等，根系对土层和防渗层影响小，栽植间距为3m×3m。拟种植的灌木为胡枝子，属于蔷薇目豆科胡枝子属直立灌木，对环境适应性强，固氮改良土壤，保持覆土的肥力。另外，搭配紫荆、银合欢、杜鹃、小叶女贞、夹竹桃、迎春和丹桂等一些具有不同季节特色的适宜当地生长的景观植物，种植密度为2500株/hm²。拟种植的草本为早熟禾，可作为草坪地被，草种播种标准为45kg/hm²，可搭配栽植波斯菊、鸢尾和马蔺等景观观花植物。

尾矿库的监测主要包括土壤质量监测和复垦植被监测工程两个方面。对于土壤监测，设置4个监测点，监测频率为每年12次，监测周期为5年，共计240点·次；对于复垦植被监测，监测方法为样方随机调查法，选有代表性的地块作为标准样地，在样地内随机确定样方，样方面积为投影面积，乔木林为20m×20m，灌木林为5m×5m，林地为2m×2m。用样方的观测值计算林地的郁闭度和林草植被覆盖度。计算公式为

$$D = f_e / f_d$$
$$C = f / F$$

式中，D为林地郁闭度，%；C为草植被覆盖度，%；f_e为样方草冠投影面积，m²，f_d为样方投影面积，m²；f为林地面积，hm²；F为类型区总面积，hm²。

当尾矿库复垦为草地植被时，监测内容为植物生长势、高度、密度、成活率和郁闭度等；当尾矿库复垦为草地时，监测内容为植物生长势、高度和覆盖度等。

3. 工程目标

本工程的工程目标见表7-8。在完成建造拦挡坝、铺设防渗垫、覆土和水处理等工程后，分别对3个尾矿库进行生态恢复，恢复后的尾矿库作为游客服务中心、停车场、农林用地和污水集水池（作为生态污水处理站的配套设施），极大地降低了尾矿库中尾砂和废水对土壤、大气和水体环境的污染风险，可有效改善尾矿库及其周边的环境，同时也会产生一定的经济效益。

表 7-8　尾矿库生态恢复工程目标值

单元	指标类型	基本指标	控制标准
灌木林地	土壤质量	有效土层厚度/cm	≥30
		土壤容重/（g/cm³）	≤1.5
		土壤质地	砂土至壤质黏土
		砾石含量/%	≤20
		pH 值	5.0～8.5
		有机质/%	≥1

续表

单元	指标类型	基本指标	控制标准
灌木林地	配套设施	道路	达到当地该行业工程建设标准要求
	生产力水平	定植密度/（株/hm²）	满足《造林作业设计规程》（LY/T 1607—2003）中规定的要求
		郁闭度/%	≥40
		覆盖度/%	≥35
其他草地	土壤质量	有效土层厚度/cm	≥30
		土壤容重/（g/cm³）	≤1.45
		土壤质地	砂土至砂质黏土
		砾石含量/%	≤10
		pH 值	5.5～8.5
		有机质/%	≥1
	配套设施	灌溉	达到当地各行业工程建设标准要求
		道路	
	生产力水平	覆盖度/%	≥50
		产量/（kg/hm²）	三年后达到周边地区同等土地利用类型水平

4. 工程总结

在尾矿库生态恢复工程中，尾矿库的权属问题依然是工程实施过程中面临的一个主要问题。另外，工程实施过程中，由于缺少防护工程，降雨期间大量雨水进入尾矿库，给后续施工带来很大的困难。建议在开展尾矿库调查前，确定尾矿库的权属问题，由相关部门出具材料，确保尾矿库调查和生态恢复工程的顺利实施；建议施工单位提前对尾矿库做好防护，防止雨水流入、尾砂泄漏，否则容易造成周边环境污染，加大治理难度，增加治理范围和工程量。

三、尾矿库水体治理工程

1. 项目区域简介

项目区位于大冶市金湖街道某生态园区内，处理对象为本章第三节"生态恢复工程实践"中二号和三号尾矿库中的地表水。在尾矿库治理过程中，尾矿库内水体的存在会严重影响后续原位阻隔或生态恢复工程的实施，因此必须先对水体进行处理。

笔者的调查结果显示，采集的尾矿库水样中，pH 值为 7.3～11.6，氨氮的含量为 0.54～1.90mg/L，化学需氧量（COD）为 5～64mg/L，五日生化需氧量（BOD$_5$）为 0.7～6.5mg/L，总磷（TP）的含量为 0.038～0.290mg/L，铁（Fe）的含量为 1.41～2.60mg/L，

锰（Mn）的含量为 0.58～0.88mg/L，氟化物的含量为 0.45～1.43mg/L，汞（Hg）的含量为 0.0003～0.0006mg/L，砷（As）的含量为 0.011～0.240mg/L。根据水环境功能区划，附近的大冶湖水体为 III 类水体，因此执行《地表水环境质量标准》（GB 3838—2002）中的 III 类标准。氨氮（NH_3-N）、化学需氧量（COD）、五日生化需氧量（BOD_5）和总磷（TP）等指标存在超标现象，初步分析是受周边居民生活污水外排至河流所致。铁（Fe）、锰（Mn）、氟化物的超标现象为当地区域地质原因造成。重金属汞（Hg）和砷（As）也存在超标现象，其中汞（Hg）的超标倍数为 2～5 倍，砷（As）的超标倍数为 0.6～3.8 倍；矿区周边水体样品中重金属含量明显高于其他区域，表明采矿活动对区域重金属污染有较大的贡献。

2. 处理技术

在设计过程中，选取工艺先进、流程合理、运行可靠和稳定达标的成熟工艺，确保处理后的废水达到排放要求。选用制造精良、品质可靠的处理设备，保证处理设备的稳定运行，尽量降低运行维护成本和运行费用。配以先进的自控系统，能实现自动化与手动双系统控制。处理设施具有较大的灵活性和可调节性，以适应水质、水量的变化，且操作方便。占地面积小，适合移动式处理。

该尾矿库（在用）水量约 3.5 万 m^3，三号库（停用）水量约 1.2 万 m^3，共 4.7 万 m^3。现需对两个尾矿中的存水进行处理，处理标准为《地表水环境质量标准》（GB 3838—2002）中规定的 III 类标准限值，处理时间均为 3～6 个月，计划 2018 年 6 月完成二号尾矿库存水的处理，2019 年底完成三号尾矿库的存水的处理。

结合上述要求和经济可行性最佳的原则，有针对性地进行水处理方案的设计，设计一套处理能力约 240m^3/d（即 10m^3/h）的选矿废水处理设施，处理设施要求占地小、模块化和可移动。首先进行二号尾矿库存水的处理，之后再处理三号尾矿库存水。

笔者的调查结果显示，该尾矿库的废水呈偏碱性，化学需氧量（COD）含量较高，是国家规定的排放标准限值的 4 倍左右，五日生化需氧量（BOD_5）略高于标准限值，因此废水的可生化性不强。个别样品中汞（Hg）存在一定程度的超标现象，另外，氟离子（F^-）也存在超标现象。

综合考虑多方面因素，本项目工艺设计主要针对有机污染物（可能是残留的有机选矿药剂），重金属离子以及氟离子（F^-）的去除。因排放标准要求严格，须采用深度处理工艺，目前用于选矿废水处理的技术主要可分为吸附法和氧化法等。吸附法是一种物质附着在另一种物质表面上的过程，通常认为吸附剂与吸附质之间的作用力为分子引力、化学键力和静电力等。常用的吸附剂主要包括活性炭、焦炭、硅藻土、吸附树脂、浮石和泥煤等。吸附法在水处理中一般用于深度处理。氧化法是将废水中的有机物先氧化为易降解的小分子有机酸，最终生成 CO_2，达到降低废水的化学需氧量（COD）及毒性的目的。用于选矿废水处理的氧化法主要有双氧水氧化、次氯酸钠氧化和臭氧氧化技术。针对选矿废水回用，氧化法可将选矿废水中的药剂等有机物进行彻底分解，改善水体水质，从而能使其达到回用的目的。

根据该尾矿库选矿废水处理的实际情况，该处理工艺所要求排放要求比较严格，占地面积小，操作方便，且模块化可移动使用。故首先排除调试管理复杂、占地面积大的生物法，选用化学氧化法去除有机物，对重金属及氟离子的深度去除选用特种树脂吸附法。综上所述，本项目考虑采用化学氧化法去除废水中的残留选矿药剂等有机物（即降低废水的 COD 指标），重金属离子和氟离子的去除则采用特种树脂吸附法。本项目采用"化学氧化＋过滤＋特种树脂吸附"的主体工艺进行选矿废水进行处理。废水处理工艺流程框图如图 7-26 所示。

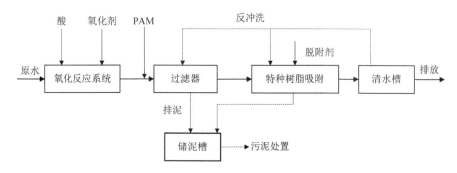

图 7-26　废水处理工艺流程框图

选矿废水首先经 pH 值调节后进入氧化反应器，向反应器内投加氧化剂，经一定的时间搅拌反应完全后，去除大部分的残留有机选矿药剂。出水经投加絮凝剂聚丙烯酰胺（PAM）后进入过滤器，过滤去除水中的悬浮物及大部分重金属离子。过滤出水经特种树脂吸附柱单元，深度去除重金属离子及氟离子，吸附处理后出水达标排放以及回用于药剂的配制和设备的反冲洗。过滤器定期用清水槽的水进行反冲洗，反冲洗出水进入储泥槽。吸附柱需定期进行脱附处理，脱附液也进入储泥槽，储泥槽污泥由污泥泵排至尾矿库干滩或定期外运处置。

工艺特点如下：该工艺可有效去除选矿废水中的有机污染物；采用了高性能的特种吸附树脂，可深度去除多种重金属离子和氟离子，达到比较严格的排放要求；占地小，主要设备一体化设计，实现全自动化控制，操作管理方便；设备采用模块化可移动式设计，一套设备可用于处理不同库区的废水，节省投资费用。该工艺流程短，药剂耗量少，处理成本低，产渣量小。其中本项目水处理过程需要的主要设备见表 7-9。

表 7-9　尾矿库水处理过程需要的主要设备清单

序号	设备名称	说明	数量
1	原水泵	装一备一	2 台

续表

序号	设备名称	说明	数量
2	氧化反应系统	不锈钢，自制，含 pH 调节、絮混、搅拌器等	1 台
3	高效过滤器	带过滤介质	1 台
4	中间水泵	装一备一	2 台
5	特种树脂吸附系统	由重金属离子吸附柱和氟离子吸附柱串联，含特种吸附树脂	1 套
6	清水槽		1 个
7	清水反洗泵		1 台
8	储泥槽		1 个
9	污泥泵		1 台
10	药剂配制投加系统	含药剂配制槽和投加泵等	1 套
11	脱附系统	含脱附液配制和脱附泵等	1 套
12	电气和自控系统		1 套
13	可移动式处理平台		1 个

本系统的自控主要通过自动控制柜系统实施，同时设置自动和手动控制。通过对 pH 值、液位计、药剂投加和电动阀的控制，确保处理工艺流程中各工艺控制参数达到设定值，保证处理工艺的正常运行和处理出水满足设计要求。本工程对选矿废水的深度处理可大大减少重金属的排放量，处理效果较好，运行成本较低，具有一定的环境效益及市场推广价值。

3. 工程目标

尾矿库水处理工程的目标为《地表水环境质量标准》（GB 3838—2002）中的 III 类标准限值。对尾矿库表层水体的处理，可有效改善周围的环境，降低尾砂通过地表径流和渗滤作用污染周边农用地土壤、地表水和地下水的风险，同时也便于后续尾砂治理工程的实施。

4. 工程总结

该工程采用移动式设备对两个尾矿库积存的地表水进行了处理，达标后排放至地表水体，可有效解决水污染问题，同时也无须现场建造水处理厂，无永久性占地。但是，也存在一些问题，例如该移动式水处理设备的安装和后续处置问题，以及水处理过程产生的污泥的处置问题。建议将水处理设备模块化，针对每个水处理项目的特点（如水质、水量），选择适合该项目的模块进行集成，形成适合该项目的水处理设备；建议提前联系好污泥处置单位，根据产生的污泥的特点，进行有效的处置，确保不对周边环境产生不利影响。

第八章 总 结

长期的矿冶活动对大冶市尤其是矿冶区的环境造成了较大影响。矿冶区部分区域土壤和水体中重金属含量较高，农产品存在不同程度的超标现象。尾矿库、排土场等矿业废弃地的存在对周边环境造成了很大的威胁。为了有效控制矿冶区土壤重金属污染，很有必要编制大冶市重金属污染防治规划。

大冶市重金属污染防治规划明确了大冶市面临的主要污染问题是产业结构不合理、污染治理和监测投入不足、土壤污染问题突出、历史遗留污染问题严重和周边污染源管控难度大。重金属污染防治规划划定了重点防控区，确定了重点防控行业和企业，是大冶市对重点企业进行监管、开展企业污染调查和"五小企业"重点污染源筛选的重要依据。重金属污染防治规划确定了综合决策机制、环境法制建设和执法、环保投入、环保科研、信息公开和公众参与等规划政策保障措施，是规划落实的关键因素。

在大冶市土壤污染综合防治过程中，通过采用工矿企业污染控制、工业废物处理处置、农业生产过程监管和生活垃圾日常监管等污染源管理措施，控制重金属等污染物的产生和排放。根据调查结果，对农用地进行分类分区管理，针对农产品超标情况和土壤污染程度，分别选择优先保护、安全利用和种植结构调整技术，确保永久基本农田得到保护，以及农产品安全和农户收益。对矿业废弃地开展风险管控工程，降低其对周边土壤、水体和人群的影响。

近年来，大冶市陆续开展了多个农用地日常监测工程、替代种植工程、植物修复工程、钝化修复工程、种植结构调整工程以及尾矿库综合整治工程，在土壤重金属综合防治方面积累了一定经验，为其他地区开展土壤污染防治工作提供了参考。在前期工作的基础上，参考国内外农用地土壤污染防治方面的管理文件进行归纳总结，制定适合大冶市的关于农用地日常监测、替代种植、植物修复、钝化修复、种植结构调整、农用地修复项目管理方面的技术指南等管理文件，促进土壤污染综合防治先行区重金属污染防治工作的顺利开展。大冶市重金属污染防治规划的制定和落实，为大冶市各项重金属污染防治工作提供了指导，在矿冶区的环境治理中起到了至关重要的作用。

按照国家新发布的《中华人民共和国土壤污染防治法》《土壤污染防治行动计划》《农用地土壤环境管理办法》《土壤环境质量 农用地土壤污染风险管控标准（试行）》（GB 15618—2018）等法律法规和相关标准，继续实施大冶市重金属污染防治规划，不断改善区域环境质量，保障农产品质量和居住安全，让老百姓有更多的归属感、幸福感和安全感。

附录一 相关名词解释

1. 农用地安全利用

农用地安全利用是指通过替代种植、农艺调控、钝化修复、化学淋洗、植物修复等技术降低农用地产出的农产品中重金属等污染物的含量，降低农产品超标风险。

2. 受污染耕地安全利用率

受污染耕地安全利用率是指行政区内采取农艺调控、替代种植、种植结构调整或退耕还林还草等安全利用措施的轻度、中度、重度超标耕地与全部轻微超标耕地面积之和，占全部受污染耕地面积之和的比例。

3. 污染地块

污染地块是指因生产、经营、使用、贮存危险化学品或者其他有毒有害物质，堆放或者处理、处置生活垃圾、危险废物等固体废物或者其他有害废物，以及从事矿山开采等活动使土壤或地下水受到污染的土地。

4. 污染地块安全利用率

污染地块安全利用率是指行政区内符合规划用途土壤环境质量标准的再开发利用污染地块数量，占全部再开发利用污染地块的比例。

5. 土壤污染风险管控

对农用地而言，土壤污染风险管控主要是指通过农艺调控、替代种植、种植结构调整或退耕还林还草，以及划定特定农产品禁止生产区域等措施，保障耕地安全利用，最大限度降低农产品超标风险；对威胁地下水、饮用水水源安全的，制定和落实环境风险管控方案。对建设用地而言，风险管控主要是指通过对污染地块设立标识，采取隔离、阻断等措施，防止污染进一步扩散；划定管控区域，限制人员进入，防止土壤扰动；通过用途管制，规避直接开发带来的人体健康等风险。

6. 土壤污染治理与修复

土壤污染治理与修复是指采用物理、化学或生物的方法固定、转移、去除、降解或转化土壤中的污染物，使其含量、活性或毒性降低到可接受水平的过程。对农用地土壤而言，治理与修复过程中还需要恢复土壤的基本功能。

7. 农艺调控

在土壤污染防治领域，农艺调控是指利用农艺措施对耕地土壤中污染物的生物有效性进行调控，从而达到对污染耕地土壤安全利用的活动，可减少污染物从土壤向作物，特别是向可食用部分的转移，从而达到农产品安全生产。农艺调控措施主要包括土壤理化性状调节、水分合理管理、功能性肥料施用等。

8. 替代种植

在土壤污染治理中，为保障农产品安全利用，用无农产品安全风险的作物替代有农产品安全风险的作物的措施，如低累积作物替代高累积作物。

9. 重金属低积累作物

重金属低积累作物是指作物可食或可用部位对重金属吸收、累积较少的作物种类或品种。

10. 土壤修复植物

土壤修复植物是指对土壤中污染物具有去除、降解、转化或固定作用的特殊植物，通常是指对重金属具有较强富集能力的超富集植物。例如，蜈蚣草是砷（As）的超富集植物，东南景天是镉（Cd）的超富集植物。

11. 种植结构调整

在土壤污染治理中，种植结构调整是指综合考虑农产品品种特性和土壤污染状况，在积极开展农艺调控的同时，将食用农作物调整为非食用农作物或其他植物。

12. 污染物特别排放限值

污染物品特别排放限值是指根据环境保护工作的要求，在国土开发密度已经较高、环境承载能力开始减弱，或环境容量较小、生态环境脆弱，容易发生严重环境污染问题而需要采取特别保护措施的地区，为严格控制企业的污染排放行为，专门设置的排放限值。执行污染物特别排放限值的地域范围、时间，由国务院环境保护主管部门或省级人民政府规定。

13. 环境监管网格

环境监管网格是指市、县级人民政府将辖区按照一定的标准划分成为若干单元网格，明确环境监管规则和标准，逐一明确监管责任人，通过加强对单元网格的环境监管对象的监督检查，可以主动发现、及时处理环境违法问题，提高政府环境管理能力，将问题解决在居民投诉之前、消除于萌芽状态。

14. 污染协同治理

污染协同治理是指从污染物产生、排放、处理全过程，实施水、大气、土壤污染综合防治的治理模式，实现污水与污泥、废气与废渣等处理环节的有效衔接。

15. 土壤污染综合防治先行区

土壤污染综合防治先行区是指为探索土壤污染源头预防、风险管控、治理与修复、监管能力建设等方面的有效措施，在土壤环境问题突出，群众反映强烈，党中央、国务院有关领导曾做出明确批示的具有典型代表性的区域，以地市为单元建设的示范区。

附录二　缩略名词一览表

英文缩写	英文全称	中文全称
AMF	arbuscular mycorrhiza fungus	丛枝菌根真菌
AMD	acid Mine drainage	酸性矿井/坑排水
BOD_5	biochemical oxygen demand after 5 days	五日生化需氧量
CEC	cation exchange capacity	阳离子交换量
COD	chemical oxygen demand	化学需氧量
DDT	dichlorodiphenyltrichloroethane	滴滴涕
DPTA	diethylenetriaminepentaacetic acid	二乙烯三胺五乙酸
EDTA	ethylenediaminetetraacetic acid	乙二胺四乙酸
IICQ	influence index of comprehensive quality	综合质量影响指数
ND	not detected	未检出
PAHs	polycyclic aromatic hydrocarbons	多环芳烃
PAM	Poly acrylamide	聚丙烯酰胺
RfD	reference dose	参考剂量
THQ	target hazard quotients	靶标危害系数法
TN	total nitrogen	总氮
TP	total phosphorus	总磷
USEPA	United States Environmental Protection Agency	美国环保局